● グラフィック情報工学ライブラリ ●
GIE-2

情報工学のための
離散数学入門

西野哲朗・若月光夫 共著

数理工学社

編者のことば

「情報工学」に関する書物は情報系分野が扱うべき学術領域が広範に及ぶため，入門書，専門書をはじめシリーズ書目に至るまで，すでに数多くの出版物が存在する．それらの殆どは，個々の分野の第一線で活躍する研究者の手によって書かれた専門性の高い良書である．が，一方では専門性・厳密性を優先するあまりに，すべての読者にとって必ずしも理解が容易というわけではない．高校での教育を修了し，情報系の分野に将来の職を希望する多くの読者にとって「まずどのような専門領域があり，どのような興味深い話題があるのか」と言った情報系への素朴な知識欲を満たすためには，従来の形式や理念とは異なる全く新しい視点から執筆された教科書が必要となる．

このような情報工学系の学術書籍の実情を背景として，本ライブラリは以下のような特徴を有する《新しいタイプの教科書》を意図して企画された．すなわち，

1. 図式を用いることによる直観的な概念の理解に重点をおく．したがって，
2. 数学的な内容に関しては，厳密な論証というよりも可能な限り図解（図式による説明）を用いる．さらに，
3. （幾つかの例外を除き）取り上げる話題は，見開き2頁あるいは4頁で完結した一つの節とすることにより，読者の理解を容易にする．

これらすべての特徴を広い意味で"グラフィック(Graphic)"という言葉で表すことにすると，本ライブラリの企画・編集の理念は，情報工学における基本的な事柄の学習を支援する"グラフィックテキスト"の体系を目指している．

以下に示されている"書目一覧"からも分かるように，本ライブラリは，広範な情報工学系の領域の中から，本質的かつ基礎的なコアとなる項目のみを厳選した構成になっている．また，最先端の成果よりも基礎的な内容に重点を置き，実際に動くものを作るための実践的な知識を習得できるように工夫している．したがって，選定した各書目は，日々の進歩と発展が目覚ましい情報系分野においても普遍的に役立つ基本的知識の習得を目的とする教科書として編集されている．

このように，本ライブラリは上述したような広範な意味での"グラフィック"というキーコンセプトをもとに，情報工学系の基礎的なカリキュラムを包括する全く新しいタイプの教科書を提供すべく企画された．対象とする読者層は主に大学学部生，高等専門学校生であるが，IT系企業における技術者の再教育・研修におけるテキストとしても活用できるように配慮している．また，執筆には大学，専門学校あるいは実業界において深い実務体験や教育経験を有する教授陣が，上記の編集趣旨に沿ってその任にあたっている．

本ライブラリの刊行が，これから情報工学系技術者・研究者を目指す多くの意欲的な若き読者のための"プライマー・ブック (primer book)"として，キャリア形成へ向けての第一歩となることを念願している．

2012 年 12 月

編集委員： 横森 貴・小林 聡・會澤邦夫・鈴木 貢

[グラフィック情報工学ライブラリ] 書目一覧	
1.	理工系のための情報リテラシ
2.	情報工学のための離散数学入門
3.	オートマトンと言語理論
4.	アルゴリズムとデータ構造
5.	論理回路入門
6.	実践によるコンピュータアーキテクチャ
7.	オペレーティングシステム
8.	プログラミング言語と処理系
9.	ネットワークコンピューティングの基礎
10.	コンピュータと表現
11.	データベースと情報検索
12.	ソフトウェア工学の基礎と応用
13.	数値計算とシミュレーション

まえがき

　本書は，大学の情報工学系の学部生向けに書かれた離散数学（Discrete Mathematics）の教科書である．本書で解説する離散数学の内容は，情報工学系のすべての学生が習得しておくべきものである．本書の主な目的は，情報システムの設計（モデリング）や実装（プログラミング）において必要不可欠な，論理的思考能力や数理的能力を養成することにある．

　本書では，まだプログラミング経験が少ない読者を対象として，情報工学系の学生が最低限身につけておくべき離散数学の基本的な概念や考え方を解説した．本書の構成は以下の通りである．なお，以下の第1章から第3章は若月が，第4章以降は西野が，それぞれ執筆を担当した．

　　　第1章　集合
　　　第2章　関係と関数
　　　第3章　論理と証明法
　　　第4章　代数学の基礎
　　　第5章　グラフ
　　　第6章　アルゴリズム
　　　第7章　計算量

　種々のプログラムを作成する際には，処理の論理的な流れに矛盾がないように，また，処理に漏れなどがないように，処理内容の論理的整合性が取れるように注意しなければならない．そのためには，目的とする情報処理において生じる様々なケースを漏れなく列挙し，エラーが生じないように，確実に処理を行う処理手順（アルゴリズム）を設計しなければならない．その際に必要となる論理的思考能力を，主に，第1章〜第3章で養成する．

　また，離散数学が各種の先端的なアプリケーションの基礎となっていることも紹介する．具体的には，第4章では，整数論を応用して公開鍵暗号が実現されていることを紹介し，第5章では，グラフ理論を応用して，インターネット上での情報の拡散などを解析する複雑ネットワーク解析が行えることを紹介する．

　さらに，第6章と第7章では，アルゴリズムの実行時間を向上させたり，あ

る種の問題では計算時間が爆発してしまうことを示すために，アルゴリズム論や計算量理論の初歩について解説した．卒業研究や大学院での研究などで，自作プログラムを作成する際に，自分が実装したプログラムの実行時間がどの程度になるのかを，各自で評価できるようになっていただくことを目指した．

　本書では，読者の理解を助けるために，図や例題を多用している．例題や演習問題は，解答を見る前に，必ず，自力で解いてみてほしい．離散数学の理解を深めるためには，とにかく，自分でコツコツと問題を解いてみることが重要である．また，章末の演習問題において発展的な問題には◆を，難易度の高い問題には♯をつけたので，参考にしてほしい．

　本書を，半期15回の授業で使用する際には，第1章から第7章の各章について，各2回の授業で解説・問題演習を行い，最後の15回目に，総合演習を行うことが想定されている．章末の演習問題には，高校数学の内容も，一部，取り入れた．最近は，高校ごとに，数学の授業内容が異なっていることが多いので，情報工学系の離散数学習得において必要となる高校数学の内容も，本書で，併せて，演習できるように配慮した．

　高校数学では，微分積分が重点的に教えられていると思うが，情報工学系で必要となる離散数学は，そのような高校数学とは若干，趣が異なる．微分積分は連続量を扱う数学であるが，情報工学系で主に必要とされるのは，整数などの離散量を対象とした数学である．微分積分では，例えば，置換積分のような公式に当てはめて計算を行うことが多いが，離散数学では，公式に当てはめて解くというよりは，自分の頭で考えて，漏れなく場合分けを行い，その上で，論理的な漏れがないように緻密に推論していくことが重要となる．そして，そのような論理的思考能力こそが，情報工学系の学生に最も求められている能力である．

　そのため，本書の説明は，なるべく基本概念が理解しやすいように，簡潔に書かれている．もし，概念の定義が抽象的でよくわからなくても，その直後に，例題が示されていることが多いので，例題も併せて読むことで，基本的な定義の内容を理解するようにしてほしい．本書で学習をされたひとりでも多くの読者が，離散数学に興味を持ち，現実の問題を論理的・数理的に解決していけるような素地を獲得してくれることを切に願っている．

末筆ながら，本書の執筆にあたり，数々の貴重なご助言をくださった編者の横森貴先生に感謝いたします．また，編集作業を懇切丁寧にサポートしてくださった，数理工学社の田島伸彦編集部長と鈴木綾子氏に感謝いたします．

2015 年 6 月

西野哲朗

若月光夫

目 次

第 1 章　集合　　1
- 1.1　集合 …………………………………………………… 2
- 1.2　集合演算 ……………………………………………… 8
- 演習問題 …………………………………………………… 13

第 2 章　関係と関数　　15
- 2.1　直積集合と関係 ……………………………………… 16
- 2.2　同値関係 ……………………………………………… 21
- 2.3　関数 …………………………………………………… 29
- 2.4　可算集合 ……………………………………………… 34
- 演習問題 …………………………………………………… 35

第 3 章　論理と証明法　　37
- 3.1　命題 …………………………………………………… 38
- 3.2　論理演算 ……………………………………………… 39
- 3.3　命題関数と限定記号 ………………………………… 47
- 3.4　証明の論法 …………………………………………… 50
- 3.5　数学的帰納法 ………………………………………… 56
- 演習問題 …………………………………………………… 58

第 4 章　代数学の基礎　　61
- 4.1　合同式 ………………………………………………… 62
- 4.2　最大公約数 …………………………………………… 65
- 4.3　有限体 ………………………………………………… 69
- 4.4　RSA 公開鍵暗号 ……………………………………… 72
- 演習問題 …………………………………………………… 75

第5章　グラフ　77

- 5.1　グラフの定義 78
- 5.2　パスと連結性 81
- 5.3　グラフの探索 84
- 5.4　連結成分 87
- 演習問題 89

第6章　アルゴリズム　91

- 6.1　アルゴリズム 92
- 6.2　べき乗の計算 95
- 6.3　ユークリッドの互除法 98
- 6.4　クリーク問題 100
- 演習問題 103

第7章　計算量　105

- 7.1　計算時間の測り方 106
- 7.2　因数分解 110
- 7.3　P＝NP？問題 114
- 7.4　NP完全性 118
- 演習問題 125

演習問題解答　126

参考文献　147

索　引　148

本書で記載している会社名，製品名は各社の登録商標または商標です．
本書では Ⓡ と ™ は明記しておりません．

第1章 集合

　集合は，数学における最も基本的な概念のひとつである．本章では，集合の表記法（外延的記法，内包的記法）や，集合に関する演算（和，差，積など）について学ぶ．集合に関するこれらの概念は，離散数学に限らず，すべての数学の基礎となるが，例えば，コンピュータのファイルシステムにおける操作や，オブジェクト指向言語におけるクラス概念なども，すべて，集合の考え方に基づいて定義されている．

| 集合
| 集合演算

1.1 集合

対象とする"もの"の集まりを**集合**(set) という. 通常, 特定の対象がその集合に属しているか否かを明確に判定できれば, その集合を定義できたことになる. 集合はふつう, 英大文字を用いて表し, A, B, S, X, Y などがよく使われる.

集合を構成する対象を, その集合の**要素**(element) または**元**(member) という. 集合の要素はふつう, 英小文字 $a, b, c, \cdots$ を用いて表す.

ある対象 a が集合 A の要素であるとき, $a \in A$ または $A \ni a$ と表し, a は A に**属する** (a belongs to A) という. 一方, b が集合 A の要素でないとき, $b \notin A$ または $A \not\ni b$ と表し, b は A に属さないという. 図1.1は, この様子を図示したものである.

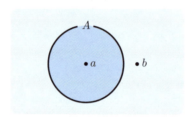

図 1.1 a は A に属する, b は A に属さない

集合を表記する主な方法は2通りある.

外延的記法 そのうちの1つは要素をすべて列挙する方法で, **外延的記法**(extensional definition) と呼ばれる. 例えば, アラビア数字の集合は

$$\{0, 1, 2, 3, 4, 5, 6, 7, 8, 9\}$$

と表される. この例のように, 集合を表す場合, 括弧は " { " と " } " を用い, その間に要素をコンマ " , " で区切って並べる. 集合の各要素はその中で1度だけ現れる(これは, 例えば, $A = \{a, a, b\}$, $B = \{a, b\}$ とするとき, 後に述べる定義より $A = B$ が成立するため, 集合の中に同じ要素を重複して書く必要がないからである). 明記された要素の並びから他の要素が容易に推測できる場合は, 省略記号 " $\cdots$ " を用いて表してもよい. 例えば, 英語のアルファベット(英大文字の集合)は $\{A, B, C, \cdots, Z\}$ と表せる.

1.1 集合

内包的記法　もう 1 つの集合の表記法は，要素が集合に属するための条件を明示する方法で，**内包的記法**（intensional definition）と呼ばれる．例えば，偶数の自然数からなる集合は，

$$\{n \mid n = 2k, k \text{ は自然数}\}$$

と表せる．集合の要素の条件が "$\mid$" の右側に書かれるが，複数の条件を並べて書くこともある．この例では，要素 n の条件が "$n = 2k$" で，かつ "k は自然数" であることを意味している．この集合は $\{n \mid n = 2k, k = 1, 2, 3, \cdots\}$ とも表せ，一般に条件を表す方法は 1 通りではない．

数を表す集合には，次のような，世界共通の特別な記号が付けられている．

> $\boldsymbol{N}$: 自然数全体からなる集合（$\{1, 2, 3, \cdots\}$）
> $\boldsymbol{Z}$: 整数全体からなる集合（$\{\cdots, -2, -1, 0, 1, 2, \cdots\}$）
> $\boldsymbol{Q}$: 有理数全体からなる集合
> $\boldsymbol{R}$: 実数全体からなる集合
> $\boldsymbol{C}$: 複素数全体からなる集合

先ほどの偶数の自然数からなる集合は，$\{n \mid n = 2k, k \in \boldsymbol{N}\}$ と表すこともできる．

例題 1.1　(1) 次の集合 A, B を外延的記法で表せ．
$$A = \{n \mid n = 2k - 1, k \in \boldsymbol{N}\}, \quad B = \{x \mid -2 < x < 3, x \in \boldsymbol{Z}\}$$
(2) 次の集合 C, D を内包的記法で表せ．
$$C = \{1, 3, 5, 7, 9, 11, 13\}, \quad D = \{\cdots, -9, -6, -3, 0, 3, 6, 9, \cdots\}$$

解答　(1) $k \in \boldsymbol{N}$ は $k = 1, 2, 3, \cdots$ を表しており，$A = \{1, 3, 5, 7, \cdots\}$ である（つまり，A は奇数の自然数からなる集合）．

また，$\boldsymbol{Z}$ は整数全体からなる集合であるから，$B = \{-1, 0, 1, 2\}$ である．

(2) 条件を表す書き方はいろいろあるので，以下に一例を示す．
$$C = \{n \mid n = 2k - 1, 1 \leq k \leq 7, k \in \boldsymbol{N}\},$$
$$D = \{n \mid n = 3k, k \in \boldsymbol{Z}\}$$

対象とするもの全体を表す集合を**全体集合**または**普遍集合**（universal set）といい，U で表す．また，要素を 1 つも持たない集合を**空集合**（empty set）といい，$\emptyset$ または ϕ で表す．つまり，空集合は要素が 0 個の集合であり，これを特殊な集合の一つと考える．

集合 A の要素すべてが集合 B の要素でもあるとき，つまり，$x \in A$ ならば $x \in B$ であるとき，A は B の**部分集合**（subset）であるといい，$A \subseteq B$ または $B \supseteq A$ で表す．このとき，A は B に**含まれる**（A is contained in B），または B は A を**含む**（B contains A）ともいう．このような集合の包含関係は，図 1.2 のように表される．このような図を**ベン図**（Venn diagram）という．任意の集合 A について，$A \subseteq A$ が成立する．

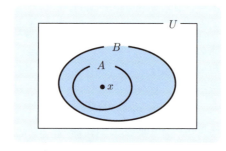

図 1.2　$A \subseteq B$

どのような集合 A もある全体集合 U の部分集合（$A \subseteq U$）として考える．また，空集合 $\emptyset$ は任意の集合 A の部分集合（$\emptyset \subseteq A$）である．

2 つの集合 A, B に対して，$A \subseteq B$ かつ $B \subseteq A$ が成立するとき，A と B は**等しい**（equal）といい，$A = B$ で表す．つまり，A と B が全く同じ要素だけを持つとき，A と B は等しい．一方，A と B が等しくないとき，$A \neq B$ で表す．

集合 A, B に対して，$A \subseteq B$ かつ $A \neq B$ のとき，つまり，A が B の部分集合であり，かつ A の要素でない B の要素が存在するとき，A は B の**真部分集合**（proper subset）であるといい，$A \subset B$ または $B \supset A$ で表す．文献によっては，$A \subsetneq B$ または $B \supsetneq A$ で表す場合もある．

前述の数を表す集合については，次が成立している．
$$N \subset Z \subset Q \subset R \subset C$$

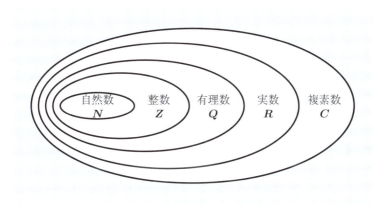

図 1.3　数を表す集合間の包含関係

例題 1.2 次の集合 A, B, C について，包含関係を調べよ．
$$A = \{-2, -1, 0, 1\},$$
$$B = \{x \mid x^2 + x - 2 < 0, x \in Z\},$$
$$C = \{x \mid |x| \leq 2, x \in Z\}$$

解答 集合 B, C の条件部分に書かれた不等式を解くと，それぞれ次のようになる．
$$B = \{x \mid (x+2)(x-1) < 0, x \in Z\}$$
$$= \{x \mid -2 < x < 1, x \in Z\} = \{-1, 0\},$$
$$C = \{x \mid -2 \leq x \leq 2, x \in Z\} = \{-2, -1, 0, 1, 2\}$$
したがって，$B \subset A, A \subset C,$ かつ $B \subset C$ である（これらをまとめて，$B \subset A \subset C$ と表すこともできる）．

集合の要素の数が有限である集合を**有限集合**（finite set）といい，それ以外の集合を**無限集合**（infinite set）という．

例 1.1 アラビア数字の集合 $S_1 = \{0, 1, 2, 3, 4, 5, 6, 7, 8, 9\}$ や英語のアルファベット $S_2 = \{A, B, C, \cdots, Z\}$ は有限集合であるが，偶数の自然数からなる集合 $\{n \mid n = 2k,\ k \in \boldsymbol{N}\}$ や，$\boldsymbol{N}, \boldsymbol{Z}, \boldsymbol{Q}, \boldsymbol{R}, \boldsymbol{C}$ などは無限集合である． ○

集合 A が有限集合であるとき，その要素の数を $|A|$ や，$n(A)$, $\#(A)$ などで表す．上記の例の集合 S_1, S_2 では，$|S_1| = 10, |S_2| = 26$ である．

例題 1.3 次の集合 A, B が有限集合かどうか調べよ．また，もし有限集合の場合には，その要素数を答えよ．
$$A = \{x \mid x^2 - 2x - 3 \leq 0,\ x \in \boldsymbol{Z}\},$$
$$B = \{x \mid \log_2 x \geq 1,\ x \in \boldsymbol{Z}\}$$

解答 集合 A, B の条件部分に書かれた不等式を解くと，それぞれ次のようになる．
$$A = \{x \mid (x+1)(x-3) \leq 0,\ x \in \boldsymbol{Z}\}$$
$$= \{x \mid -1 \leq x \leq 3,\ x \in \boldsymbol{Z}\} = \{-1, 0, 1, 2, 3\},$$
$$B = \{x \mid 2^{\log_2 x} \geq 2^1,\ x \in \boldsymbol{Z}\} = \{x \mid x \geq 2,\ x \in \boldsymbol{Z}\}$$

したがって，A は有限集合であり，その要素数は $|A| = 5$ である．一方，B は無限集合である．

コラム オブジェクト指向とクラス概念

Java などのオブジェクト指向言語においては，プログラマが定義した「クラス」をもとに「インスタンス」（具体例）が生成され，インスタンスに対する「メソッド」（手続き）を呼び出すことによってプログラムの実行が進行する．例えば，整数のクラスのインスタンスとして，ある特定の整数が生成され，その整数に別の整数を加えるというメソッドが適用されて，加算が実行される．クラスはインスタンスを作り出すための設計図と考えられるが，クラスを定義することは，まさに，集合を定義することに対応しており，インスタンスはその集合のひとつの要素である． ○

1.1 集合

集合のクラス 集合も 1 つの "もの" であるから，集合を要素とする集合を考えることもできる．このような集合を，**集合のクラス**（class of sets）や**集合の類**，または**集合族**（family of sets）という．

例 1.2 集合 $A = \{1, 2, 3\}$ の部分集合 $\{1\}, \{2, 3\}, \{1, 2, 3\}$ を要素とするクラス $\mathcal{A}$ は
$$\mathcal{A} = \{\{1\}, \{2, 3\}, \{1, 2, 3\}\}$$
である． ◯

べき集合 集合 A の部分集合を要素とするクラスのうち，A のすべての部分集合からなるクラスを，A の**べき集合**（power set）といい，$\mathcal{P}(A)$ または 2^A などで表す．

例 1.3 集合 $A = \{1, 2, 3\}$ のべき集合は
$$\mathcal{P}(A) = \{\emptyset, \{1\}, \{2\}, \{3\}, \{1, 2\}, \{1, 3\}, \{2, 3\}, \{1, 2, 3\}\}$$
である． ◯

空集合 $\emptyset$ も集合 A の部分集合であるから，これも $\mathcal{P}(A)$ に属することに注意しよう．また，集合 A 自身も $\mathcal{P}(A)$ の要素である．A が有限集合のとき，A の部分集合は全部で $2^{|A|}$ 個存在するので，A のべき集合 $\mathcal{P}(A)$ の要素数は $2^{|A|}$ である．このことが $\mathcal{P}(A)$ を 2^A とも表す由来となっている．上記の例の集合 $A = \{1, 2, 3\}$ では，$\mathcal{P}(A)$ の要素数は $|\mathcal{P}(A)| = 2^{|A|} = 2^3 = 8$ である．

例題 1.4 次の集合のべき集合をそれぞれ求めよ．
$$A = \{a\}, \quad B = \{\emptyset, \{a\}\}$$

解答 集合 A の要素数は $|A| = 1$ なので，$\mathcal{P}(A)$ の要素には，要素数が $0, 1$ の A の部分集合が考えられる．ここで，要素数が 0 の部分集合は $\emptyset$ であり，要素数が 1 の部分集合は $\{a\}$ $(= A)$ である．したがって，$\mathcal{P}(A) = \{\emptyset, \{a\}\}$ である（これは B に等しい）．

集合 B の要素数は $|B| = 2$ なので，$\mathcal{P}(B)$ の要素には，要素数が $0, 1, 2$ の B の部分集合が考えられる．ここで，要素数が 0 の部分集合は $\emptyset$，要素数が 1 の部分集合は $\{\emptyset\}$ と $\{\{a\}\}$，要素数が 2 の部分集合は $\{\emptyset, \{a\}\}$ $(= B)$ である．したがって，$\mathcal{P}(B) = \{\emptyset, \{\emptyset\}, \{\{a\}\}, \{\emptyset, \{a\}\}\}$ である．

1.2 集合演算

U をある全体集合とし，A, B をそれぞれ，U の部分集合とする．このとき，次のように集合の演算を定義する．

> (1) $A \cup B = \{x \mid x \in A \text{ または } x \in B\}$ （A と B の和集合（union））
> (2) $A \cap B = \{x \mid x \in A \text{ かつ } x \in B\}$ （A と B の共通部分集合（intersection）または積集合（product））
> (3) $\overline{A} = \{x \mid x \in U \text{ かつ } x \notin A\}$
>   （U に関する A の補集合（complement））
> (4) $A \backslash B = \{x \mid x \in A \text{ かつ } x \notin B\} = A \cap \overline{B}$ （A と B との差集合（difference）．文献によっては $A - B$ で表す場合もある）

これらの集合演算をベン図で表すと図 1.4 のようになる．図中の水色の部分が演算結果を表している．

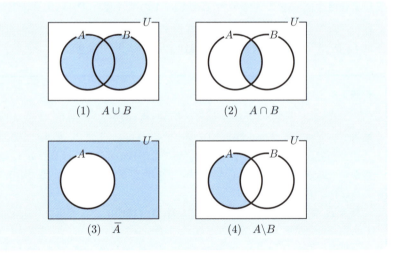

図 1.4　集合演算

上記の (2) において，
$$A \cap B = \emptyset$$
のとき，つまり，A と B が共通の要素を持たないとき，A と B は**互いに素**（mutually disjoint）であるという（図 1.5 参照）．

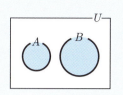

図 1.5　A と B は互いに素

例題 1.5　$U = \{1, 2, 3, \cdots, 10\}$ を全体集合とし，$A = \{2, 4, 6, 8, 10\}$, $B = \{3, 6, 9\}$ とする．このとき，$A \cup B, A \cap B, \overline{A}, \overline{B}, A \backslash B, B \backslash A$ をそれぞれ求めよ．

解答　このときのベン図は図 1.6 のように書ける．

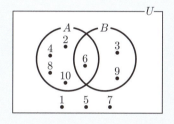

図 1.6　例題 1.5 のベン図

したがって，
$$A \cup B = \{2, 3, 4, 6, 8, 9, 10\},$$
$$A \cap B = \{6\},$$
$$\overline{A} = \{1, 3, 5, 7, 9\},$$
$$\overline{B} = \{1, 2, 4, 5, 7, 8, 10\},$$
$$A \backslash B = \{2, 4, 8, 10\},$$
$$B \backslash A = \{3, 9\}$$
である．

集合の和集合，共通部分集合および補集合による演算は，以下の法則を満たす．

● 定理 1.1 ●

ある全体集合 U の部分集合である任意の集合 A, B, C に対して，以下の等式が成り立つ．

(1) ［べき等律 (idempotent laws)］ $A \cup A = A, \ A \cap A = A$

(2) ［交換律 (commutative laws)］ $A \cup B = B \cup A, \ A \cap B = B \cap A$

(3) ［結合律 (associative laws)］
$$(A \cup B) \cup C = A \cup (B \cup C), \ (A \cap B) \cap C = A \cap (B \cap C)$$

(4) ［分配律 (distributive laws)］
$$(A \cup B) \cap C = (A \cap C) \cup (B \cap C), \ (A \cap B) \cup C = (A \cup C) \cap (B \cup C)$$

(5) ［同一律 (identity laws)］
$$A \cup \emptyset = A, \ A \cap \emptyset = \emptyset, \ A \cup U = U, \ A \cap U = A$$

(6) ［補元律 (complement laws)］
$$A \cup \overline{A} = U, \ A \cap \overline{A} = \emptyset, \ \overline{U} = \emptyset, \ \overline{\emptyset} = U$$

(7) ［対合律 (involution laws)］ $\overline{(\overline{A})} = A$

(8) ［ド・モルガンの法則 (De Morgan's laws)］
$$\overline{A \cup B} = \overline{A} \cap \overline{B}, \ \overline{A \cap B} = \overline{A} \cup \overline{B}$$

例題 1.6 定理 1.1 の法則のうち，次の等式が成立することを，ベン図を使って確認せよ．

(1) $(A \cup B) \cap C = (A \cap C) \cup (B \cap C)$

(2) $\overline{A \cup B} = \overline{A} \cap \overline{B}$

解答 等式の左辺と右辺の集合を別々に図示して，演算結果が等しいことを示す．

(1) 左辺の最終結果は図 1.7 (b) の水色の部分であり，右辺の最終結果は図 1.7 (e) の水色の部分である．よって，この等式は成立する．

(2) 左辺および右辺の最終結果はそれぞれ，図 1.8 (b)，図 1.8 (e) の水色の部分である．したがって，この等式は成立する．

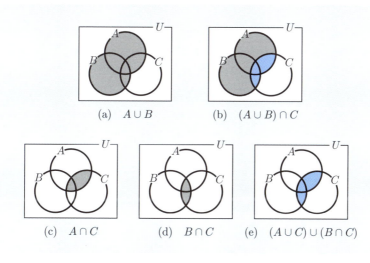

図 1.7　例題 1.6 (1) のベン図

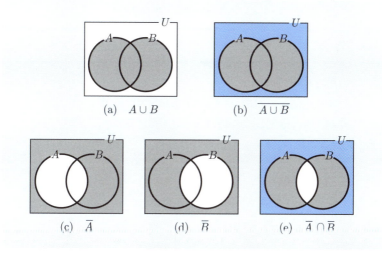

図 1.8　例題 1.6 (2) のベン図

有限集合の要素数については，次の定理が成立する．

● **定理 1.2** ●

A, B をある全体集合 U の部分集合とする．

(1) A, B が共に有限集合であるとき，
$$|A \cup B| = |A| + |B| - |A \cap B|.$$

(2) U が有限集合であるとき，
$$|\overline{A}| = |U| - |A|.$$

（図 1.9 (1), (2) 参照.）

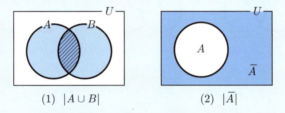

図 1.9　有限集合の要素数の求め方

例題 1.7　例題 1.5 と同じく，
$$U = \{1, 2, 3, \cdots, 10\}, \quad A = \{2, 4, 6, 8, 10\}, \quad B = \{3, 6, 9\}$$
とする．このとき，定理 1.2 が成立することを確認せよ．

解答　(1) $A \cup B = \{2, 3, 4, 6, 8, 9, 10\}$, $A \cap B = \{6\}$ から，$|A \cup B| = 7$, $|A \cap B| = 1$ である．また，$|A| = 5, |B| = 3$ から，
$$|A| + |B| - |A \cap B| = 5 + 3 - 1 = 7$$
であり，$|A \cup B| = |A| + |B| - |A \cap B|$ が成立する．

(2) $\overline{A} = \{1, 3, 5, 7, 9\}$ から，$|\overline{A}| = 5$ である．また，$|U| = 10$ から，$|U| - |A| = 10 - 5 = 5$ であり，$|\overline{A}| = |U| - |A|$ が成立する．

同様に，$\overline{B} = \{1, 2, 4, 5, 7, 8, 10\}$ から，$|\overline{B}| = 7$ であり，$|U| - |B| = 10 - 3 = 7$ であるから，$|\overline{B}| = |U| - |B|$ が成立する．

演習問題

1.1 (1) 次の集合 A, B を外延的記法で表せ.
$$A = \{n \mid n \text{ は素数}\},$$
$$B = \{n \mid n = 3k-1, k \in \mathbf{Z}\}$$

(2) 次の集合 C, D を内包的記法で表せ.
$$C = \{1, 4, 7, 10, 13, 16, 19, 22\},$$
$$D = \{1, 3, 6, 10, 15, 21, 28, 36, 45, \cdots\}$$

1.2 (1) 次の集合のべき集合を求めよ.
$$A = \{1, 2, 3, 4\}, \quad B = \{\emptyset, \{1\}, \{2\}\}$$

(2) 上記の集合 A について,$\{1,3\} \subseteq X$ となる,A の部分集合 X をすべて求めよ.また,上記の集合 B について,$\{\{1\}\} \subseteq Y$ となる,B の部分集合 Y をすべて求めよ.

1.3 $U = \{n \mid 1 \leq n \leq 20, n \in \mathbf{N}\}$ を全体集合とし,
$A = \{n \mid n \text{ は奇数}\}, \quad B = \{n \mid n \text{ は 3 の倍数}\}, \quad C = \{n \mid n \text{ は素数}\}$
とするとき,次の集合を外延的記法で表せ.
(1) A, B, C
(2) $A \cap B, A \cap C, B \cap C, A \cap B \cap C$
(3) $A \cup B, A \cup C, B \cup C, A \cup B \cup C$
(4) $\overline{A}, \overline{B}, \overline{C}, \overline{A} \cap \overline{B}, \overline{A} \cup \overline{C}, \overline{B} \cap \overline{C}$
(5) $B \backslash A, A \backslash C, C \backslash B, (A \cap B) \backslash C, (B \cup C) \backslash A$

1.4 集合 A と B の**対称差集合**(symmetric difference)は,次のように定義される.
$A \triangle B = (A \backslash B) \cup (B \backslash A) = (A \cap \overline{B}) \cup (\overline{A} \cap B)$
$ = (A \cup B) \backslash (A \cap B)$
これをベン図で表すと,図 1.10 のようになる.

問題 1.3 の集合 A, B, C に対して,次の集合を求めよ.
(1) $A \triangle C$ (2) $A \triangle \overline{B}$ (3) $\overline{B} \triangle C$

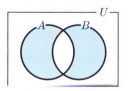

図 1.10 $A \triangle B$

第 1 章　集合

☐ **1.5**　定理 1.1（10 ページ）の法則のうち，次の等式が成立することを，ベン図を使って確認せよ．
(1)　$(A \cap B) \cup C = (A \cup C) \cap (B \cup C)$
(2)　$\overline{A \cap B} = \overline{A} \cup \overline{B}$

☐ **1.6**♯　任意の集合 A, B に対して，**吸収律**（absorptive laws）と呼ばれる以下の等式が成り立つ．
(1)　$(A \cup B) \cap A = A$
(2)　$(A \cap B) \cup A = A$
これらの等式が成立することを，ベン図を使わずに，定理 1.1 の法則を利用して導け．

☐ **1.7**♯　問題 1.4 の対称差集合の定義において，
$$(A \backslash B) \cup (B \backslash A) = (A \cup B) \backslash (A \cap B)$$
が成立することを，ベン図を使わずに，定理 1.1 の法則を利用して導け．

☐ **1.8**　問題 1.3 における集合 U, A, B, C に対して，次の値を求めよ．
(1)　$|A \cup C|$
(2)　$|\overline{B} \cup \overline{C}|$
(3)　$|\overline{A} \cap \overline{B}|$
(4)　$|A \cup B \cup C|$

第2章

関係と関数

　第1章では集合の表記法と集合に関する演算について学んだが，本章では，そのような集合の概念に基づいて定義される，直積，関係，同値類，関数，集合の濃度などについて学ぶ．これらの概念は，種々のソフトウェアを構築する際に，大変重要な基礎付けを与える．例えば，関係の概念は，関係型データベース（MySQL など）の設計に応用されているし，関数の概念は，関数型プログラミング言語（Lisp など）の設計に利用されている．

直積集合と関係
同値関係
関数
可算集合

2.1 直積集合と関係

2つの集合 A, B に対して，A の要素 a と B の要素 b をこの順に並べた組 (a, b) を，a と b の**順序対**（ordered pair）という．順序対 (a, b) において，a を**第1成分**，b を**第2成分**という．A の要素と B の要素の順序対すべてからなる集合，つまり，

$$\{(a, b) \mid a \in A \text{ かつ } b \in B\}$$

を A と B の**直積集合**（direct product），あるいは単に**直積**といい，$A \times B$ で表す．直積は**デカルト積**（Cartesian product）ともいう．

A, B が有限集合のとき，$A \times B$ の要素数については，

$$|A \times B| = |A| \times |B|$$

が成り立つ．

集合 A 自身との直積 $A \times A$ は A^2 とも書く．つまり，

$$A^2 = A \times A = \{(a, b) \mid a, b \in A\}$$

である．

2つの集合の直積の定義を拡張して，n 個の集合 $A_1, A_2, \cdots, A_n$ の直積を，次のように定義する．

$$A_1 \times A_2 \times \cdots \times A_n = \{(a_1, a_2, \cdots, a_n) \mid a_i \in A_i, i = 1, 2, \cdots, n\}$$

ここで，$(a_1, a_2, \cdots, a_n)$ のような順序付きの n 個組を **n 重対**（n-tuple）という．$A_1 \times A_2 \times \cdots \times A_n$ は，$\prod_{i=1}^{n} A_i$ と書くこともある．同様に，

$$A^n = \underbrace{A \times A \times \cdots \times A}_{n \text{ 個}}$$
$$= \{(a_1, a_2, \cdots, a_n) \mid a_i \in A, i = 1, 2, \cdots, n\}$$

と定義する．

例題 2.1 $A = \{a, b\}$, $B = \{1, 2, 3\}$ とするとき,次の直積を求めよ.
(1) $A \times B$
(2) $B \times A$
(3) B^2
(4) A^3

解答 (1) 第 1 成分が A の要素で,第 2 成分が B の要素であるすべての順序対を列挙することによって,次のように求まる.
$$A \times B = \{(a, 1), (a, 2), (a, 3), (b, 1), (b, 2), (b, 3)\}$$

(2) 第 1 成分が B の要素で,第 2 成分が A の要素であるすべての順序対を列挙することによって,次のように同様に求まる.
$$B \times A = \{(1, a), (1, b), (2, a), (2, b), (3, a), (3, b)\}$$
ここで,$A \ne B$ の場合には,$A \times B$ と $B \times A$ が異なることに注意しよう.

(3) 第 1 成分と第 2 成分が共に B の要素であるすべての順序対を列挙すれば,次のように求まる.
$$B^2 = \{(1,1), (1,2), (1,3), (2,1), (2,2), (2,3), (3,1), (3,2), (3,3)\}$$

(4) A^3 の要素数は
$$|A^3| = |A|^3 = 2^3 = 8$$
であり,これらのすべての 3 重対を列挙することによって
$$A^3 = \{(a, a, a), (a, a, b), (a, b, a), (a, b, b),$$
$$(b, a, a), (b, a, b), (b, b, a), (b, b, b)\}$$
と求められる.

2つの集合 A, B の直積集合 $A \times B$ の部分集合 R を，A から B への **2 項関係**（binary relation）という．特に，A から A への 2 項関係，つまり，A^2 の部分集合を，**A 上の関係**（relation on A）という．

$(a, b) \in R$ ならば，a と b は **R の関係**（R-related）にあるといい，aRb で表す．一方，$(a, b) \notin R$ のとき，$a\not{R}b$ で表す．

例題 2.2 自然数全体の集合 N の部分集合 A, B をそれぞれ，
$$A = \{1, 4, 7\}, \quad B = \{2, 4, 6, 8\}$$
とする．A の要素の値より B の要素の値が大きいような，A から B への 2 項関係 R を求めよ．

解答 集合 A の要素の値と B の要素の値を比較することによって，次のように 2 項関係 R が得られる．
$$R = \{(1,2), (1,4), (1,6), (1,8),$$
$$(4,6), (4,8), (7,8)\}$$
このとき，$1R2$ や $4R6$，$7R8$ などと表せる．このような関係を図 2.1 のように表すと理解しやすい．

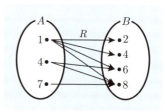

図 2.1 例題 2.2 の関係 R

一般に，実数全体の集合 $\boldsymbol{R}$ 上の関係のうち，第 1 成分の値より第 2 成分の値が大きいものは，不等号 "$<$" を使って表す．例題 2.2 の直積は
$$A \times B \subset \boldsymbol{R} \times \boldsymbol{R}$$
であるから，この場合は $1 < 2$，$4 < 6$，$7 < 8$ のように書いた方が，より理解しやすいだろう．

3 つの集合 A, B, C について，R を A から B への 2 項関係，S を B から C への 2 項関係とする．$(a, b) \in R$ に対して $(b, c) \in S$ のとき，$A \times C$ の部分集合
$$\{(a, c) \mid (a, b) \in R \text{ かつ } (b, c) \in S\}$$
を，関係 R と S の**合成**（composition）といい，$R \circ S$ で表す．

例題 2.3 $A = \{a, b, c\}$, $B = \{1, 2, 3\}$, $C = \{\alpha, \beta\}$ とする.
(1) A から B への 2 項関係 R, および B から C への 2 項関係 S がそれぞれ, 次のとおりとする.
$$R = \{(a, 1), (a, 2), (b, 2), (c, 3)\}, \quad S = \{(1, \alpha), (2, \beta), (3, \alpha)\}$$
このとき, R と S の合成 $R \circ S$ を求めよ.
(2) A から B への 2 項関係 R', および B から C への 2 項関係 S' がそれぞれ, 次のとおりとする.
$$R' = \{(b, 2), (c, 1), (c, 3)\}, \quad S' = \{(1, \alpha), (2, \beta)\}$$
このとき, R' と S' の合成 $R' \circ S'$ を求めよ.

解答 (1) 図 2.2 (a) より,
$$R \circ S = \{(a, \alpha), (a, \beta), (b, \beta), (c, \alpha)\}$$
である.

(2) 図 2.2 (b) より,
$$R' \circ S' = \{(b, \beta), (c, \alpha)\}$$
である.

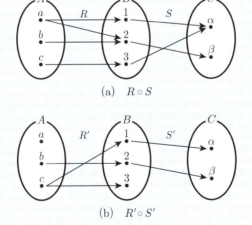

図 2.2 例題 2.3 の関係の合成

R を A から B への 2 項関係とする．このとき，
$$R^{-1} = \{(b,a) \mid (a,b) \in R\}$$
を，R の**逆関係**（inverse）という．

関係 R は $A \times B$ の部分集合であるのに対して，逆関係 R^{-1} は $B \times A$ の部分集合である．関係 R を図示したときの矢印を逆にしたものが，逆関係 R^{-1} である（図 2.3 参照）．

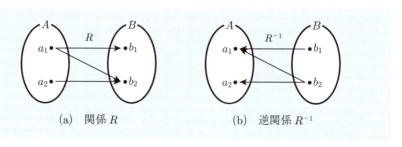

(a) 関係 R　　　　(b) 逆関係 R^{-1}

図 2.3　関係 R と逆関係 R^{-1}

例題 2.4　例題 2.2 と同じ $A = \{1,4,7\}$, $B = \{2,4,6,8\}$,
$$R = \{(1,2),(1,4),(1,6),(1,8),(4,6),(4,8),(7,8)\}$$
に対して，R の逆関係 R^{-1} を求めよ．

解答　図 2.1 の関係の矢印を逆にすると，図 2.4 が得られる．

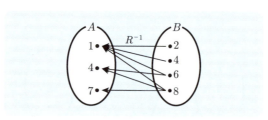

図 2.4　例題 2.4 の逆関係 R^{-1}

したがって，
$$R^{-1} = \{(2,1),(4,1),(6,1),(6,4),(8,1),(8,4),(8,7)\}$$
である．

2.2 同値関係

集合 A 上の関係を R とするとき,次のような特別な性質を定義する.

(1) A の任意の要素 a に対して aRa (**反射律** (reflexive law)) が成立するならば,R は**反射的** (reflexive) であるという.
(2) A の任意の 2 つの要素 a, b に対して,aRb ならば bRa (**対称律** (symmetric law)) が成立するとき,R は**対称的** (symmetric) であるという.
(3) A の任意の 2 つの要素 a, b に対して,aRb かつ bRa ならば $a = b$ (**反対称律** (antisymmetric law)) が成立するとき,R は**反対称的** (antisymmetric) であるという.
(4) A の任意の 3 つの要素 a, b, c に対して,aRb かつ bRc ならば aRc (**推移律** (transitive law)) が成立するとき,R は**推移的** (transitive) であるという.

例題 2.5 任意の集合 A 上の相等関係 "$=$" は,上記の 4 つの性質をすべて満たすことを確認せよ.

解答 (1) A の任意の要素 a に対して $a = a$ である
(2) 任意の $a, b \in A$ に対して,$a = b$ ならば $b = a$ である
(3) 任意の $a, b \in A$ に対して,$a = b$ かつ $b = a$ ならば $a = b$ である
(4) 任意の $a, b, c \in A$ に対して,$a = b$ かつ $b = c$ ならば $a = c$ である
よって,"$=$" はこれらの性質をすべて満たす.

例題 2.6 実数全体の集合 $\mathbf{R}$ の任意の部分集合 A について,A 上の等号付き不等号 "$\leq$" の関係は,上記のどの性質を満たすか調べよ.

解答 (1) A の任意の要素 a に対して $a \leq a$ であるから,"$\leq$" は反射的である.
(2) $a \leq b$ であっても,$b \leq a$ とは限らないので,"$\leq$" は対称的でない.
(3) $a \leq b$ かつ $b \leq a$ ならば $a = b$ であるから,"$\leq$" は反対称的である.
(4) $a \leq b$ かつ $b \leq c$ ならば $a \leq c$ であるから,"$\leq$" は推移的である.

集合 A 上の関係 R が反射的, 対称的, かつ推移的であるとき, R を A 上の**同値関係** (equivalence relation) という.

R を集合 A 上の同値関係とする. 各 $a \in A$ に対して, a と同値関係にある要素からなる A の部分集合を, R による a の**同値類** (equivalence class) といい, $[a]$ で表す (図 2.5 参照). つまり,

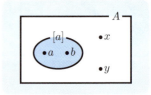

図 2.5 R による A の同値類

$$[a] = \{b \mid aRb, b \in A\}.$$

ここで, 各同値類 $[a]$ に対する a を, その同値類の**代表元** (representative element) という. なお, 各 $[a]$ の代表元 a を特に指示しない場合は単に, R による同値類という.

R による同値類の集合を, R による A の**商** (quotient) といい, A/R で表す. つまり,

$$A/R = \{[a] \mid a \in A\}.$$

例題 2.7 $A = \{1,2,3,4,5\}$ とし, A 上の関係 R を次のとおりとする.
$$R = \{(1,1),(1,3),(2,2),(2,5),(3,1),(3,3),(4,4),(5,2),(5,5)\}$$
(1) R が同値関係かどうか調べよ.
(2) R が同値関係ならば, R による同値類をすべて求め, R による A の商を求めよ.

解答 (1) A のすべての要素に対して $(1,1),(2,2),(3,3),(4,4),(5,5) \in R$ より, R は反射的である.

また, $(1,3),(3,1) \in R$ であり, $(2,5),(5,2) \in R$ であるから, R は対称的である.

さらに, $(1,1),(1,3),(3,1),(3,3) \in R$ であり, $(2,2),(2,5),(5,2),(5,5) \in R$ であるから, R は推移的である.

したがって, R は同値関係である.

(2) R による同値類は, $[1] = \{1,3\}, [2] = \{2,5\}, [4] = \{4\}$ の 3 つである. したがって, R による A の商は,
$$A/R = \{[1],[2],[4]\}.$$

2.2 同値関係

● **定理 2.1** ●

R が A 上の同値関係であるとき,次の性質が成り立つ.
(1) 任意の $a \in A$ に対して,$a \in [a]$
(2) ある $b, c \in A$ に対して,$b, c \in [a]$ ならば bRc
(3) ある $a, b \in A$ に対して,aRb ならば $[a] = [b]$
(4) ある $a, b \in A$ に対して,$a\cancel{R}b$ ならば $[a] \cap [b] = \emptyset$

例題 2.8 例題 2.7 の A 上の同値関係 R について,R が定理 2.1 の各性質を満たすことを調べよ.

解答 (1) R による同値類は

$$[1] = \{1, 3\}, \quad [2] = \{2, 5\}, \quad [4] = \{4\}$$

の 3 つであり,$[1] = [3], [2] = [5]$ である.したがって,

$$1 \in [1], \quad 2 \in [2], \quad 3 \in [3], \quad 4 \in [4], \quad 5 \in [5]$$

が成立する.よって,定理 2.1 (1) の性質を満たす.

(2) $[1]$ の要素 $(1, 3 \in [1])$ について $1R1, 1R3, 3R1, 3R3$ が,$[2]$ の要素 $(2, 5 \in [2])$ について $2R2, 2R5, 5R2, 5R5$ が,$[4]$ の要素 $(4 \in [4])$ について $4R4$ が成立する.よって,定理 2.1 (2) の性質を満たす.

(3) A の要素 a, b に対して $a = b$ のとき,R は反射的であるから,aRb かつ $[a] = [b]$ は明らかである.

$a \neq b$ のとき,$1R3, 3R1$ かつ $[1] = [3]$ であり,$2R5, 5R2$ かつ $[2] = [5]$ である.よって,定理 2.1 (3) の性質を満たす.

(4) $1\cancel{R}2$ かつ $[1] \cap [2] = \{1, 3\} \cap \{2, 5\} = \emptyset$,$1\cancel{R}4$ かつ $[1] \cap [4] = \{1, 3\} \cap \{4\} = \emptyset$,$2\cancel{R}4$ かつ $[2] \cap [4] = \{2, 5\} \cap \{4\} = \emptyset$ であり,$[1] = [3], [2] = [5]$ であるから,定理 2.1 (4) の性質を満たす.

A を任意の空でない集合とする.互いに素な,いくつかの空でない A の部分集合に対して,それらの和集合が A に等しいとき,このような A の部分集合からなるクラスを,A の**分割**(partition)という.より正確にいえば,A の分割とは,次の性質 (i), (ii) を満たす,空でない A の部分集合 A_i ($i \geq 1$) からなるクラス

$$\{A_i \mid A_i \subseteq A, i \geq 1\}$$

である.

(i) A の各要素 a は,1 つの A_i にのみ属する.
(ii) A_i と A_j は互いに素である(つまり,$A_i \neq A_j$ ならば $A_i \cap A_j = \emptyset$).

ここで,分割の各要素 A_i を,その分割の**ブロック**(block)または**セル**(cell)という.

図 2.6 は,集合 A を 5 つのブロックに分割したときのベン図である.

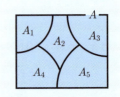

図 2.6 集合 A の分割

例題 2.9 $A = \{n \mid 1 \leq n \leq 10, n \in \boldsymbol{N}\}$ とするとき,次のクラスが A の分割かどうか調べよ.
(1) $\{\{1,4,7,10\}, \{2,4,6,8\}, \{3,5,9\}\}$
(2) $\{\{1,4,8\}, \{2,5,10\}, \{3,6,9\}\}$
(3) $\{\{1,4,9\}, \{2,3,5,7\}, \{6,8,10\}\}$

解答 (1) 集合 $\{1,4,7,10\}$ と $\{2,4,6,8\}$ が互いに素でない(どちらの集合にも 4 が属する)ので,このクラスは A の分割ではない.

(2) どの集合にも A の要素 7 が属していないので,A の分割ではない.

(3) このクラスは上記の性質 (i), (ii) を満たすので,A の分割である.

定理 2.2

R が A 上の同値関係であるとき，R による同値類 $[a_i]$ $(i \geq 1)$ を用いて，
$$A = [a_1] \cup [a_2] \cup \cdots \cup [a_n],$$
$$[a_i] \cap [a_j] = \emptyset \quad (i \neq j)$$
と表せる（図 2.7 参照）．

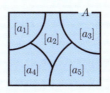

図 2.7 同値類による分割（$n = 5$ のとき）

つまり，R が A 上の同値関係であるとき，R による A の商 A/R は A の分割であり，その各ブロックが R による個々の同値類 $[a_i]$ $(i \geq 1)$ である．

例題 2.10 前述の例題 2.7 の A 上の同値関係 R について，A が定理 2.2 の性質を満たすことを調べよ．

解答 $A/R = \{[1], [2], [4]\}$ より，
$$A = [1] \cup [2] \cup [4]$$
である．ここで，
$$[1] \cap [2] = \emptyset,$$
$$[1] \cap [4] = \emptyset,$$
$$[2] \cap [4] = \emptyset$$
であるから，定理 2.2 の性質を満たす．

例題 2.11 $A = \{n \mid 0 \leq n \leq 8, n \in \boldsymbol{N}\}$ とし，A 上の関係 R_3 を次のように定める．
$$R_3 = \{(x,y) \mid x, y \in A,\ x - y\ \text{は 3 の倍数}\}$$
このとき，
(1) R_3 を直積 A^2 の部分集合として表せ．
(2) R_3 が同値関係であることを確認せよ．
(3) A の R_3 による同値類をすべて求め，R_3 による A の商を求めよ．

解答 (1) $A = \{0,1,2,3,4,5,6,7,8\}$ であるから，
$R_3 = \{(0,0), (0,3), (0,6), (1,1), (1,4), (1,7), (2,2), (2,5), (2,8),$
$\quad\quad (3,0), (3,3), (3,6), (4,1), (4,4), (4,7), (5,2), (5,5), (5,8),$
$\quad\quad (6,0), (6,3), (6,6), (7,1), (7,4), (7,7), (8,2), (8,5), (8,8)\}$
である．

(2) A の任意の要素 a に対して $(a,a) \in R_3$ が成立する（例えば，$(0,0), (1,1), (2,2) \in R_3$）から，$R_3$ は反射的である．

また，A の任意の 2 つの要素 a, b に対して，$(a,b) \in R_3$ ならば $(b,a) \in R_3$ が成立する（例えば，$(0,3), (3,0) \in R_3$，$(1,4), (4,1) \in R_3$ など）から，R_3 は対称的である．

さらに，A の任意の 3 つの要素 a, b, c に対して，$(a,b) \in R_3$ かつ $(b,c) \in R_3$ ならば $(a,c) \in R_3$ が成立する（例えば，$(0,3), (3,6) \in R_3$ かつ $(0,6) \in R_3$，$(1,4), (4,7) \in R_3$ かつ $(1,7) \in R_3$ など）から，R_3 は推移的である．

以上から，R_3 は同値関係である．

(3) A の R_3 による同値類は次のとおりである．
$$[0] = \{0,3,6\}, \quad [1] = \{1,4,7\}, \quad [2] = \{2,5,8\}$$
したがって，R_3 による A の商は
$$A/R_3 = \{[0], [1], [2]\}$$
である．

2.2 同値関係

上記の例題の同値類を，次のように一般化してみよう．

m を正の整数とする．R_m を次のように定められる整数全体の集合 $\boldsymbol{Z}$ 上の関係とする．

$$R_m = \{(x,y) \mid x,y \in \boldsymbol{Z}, x-y \text{ は } m \text{ の倍数}\}$$

このとき，R_m は $\boldsymbol{Z}$ 上の同値関係である．通常，$xR_m y$ を

$$x \equiv y \pmod{m}$$

で表し，x と y は $\boldsymbol{m}$ **を法として合同**（congruent modulo m）であるという．

R_m による同値類 $[0], [1], \cdots, [m-1]$ をそれぞれ，

$$[0] = \{x \mid x \equiv 0 \pmod{m}, x \in \boldsymbol{Z}\}$$
$$= \{\cdots, -2m, -m, 0, m, 2m, \cdots\},$$
$$[1] = \{x \mid x \equiv 1 \pmod{m}, x \in \boldsymbol{Z}\}$$
$$= \{\cdots, -2m+1, -m+1, 1, m+1, 2m+1, \cdots\},$$
$$\vdots$$
$$[m-1] = \{x \mid x \equiv m-1 \pmod{m}, x \in \boldsymbol{Z}\}$$
$$= \{\cdots, -m-1, -1, m-1, 2m-1, 3m-1, \cdots\}$$

とおくと，R_m による $\boldsymbol{Z}$ の商は，

$$\boldsymbol{Z}/R_m = \{[0], [1], [2], \cdots, [m-1]\}$$

で与えられる．ここで，各同値類の代表元は，$x \in \boldsymbol{Z}$ を m で割ったときの余りである．

このような，ある正の整数 m（≥ 1）を法として合同であるような同値類を**剰余類**（residue class）という．

例題 2.12 整数全体の集合 $\mathbf{Z}$ を，4 を法として合同な同値関係 R_4 ($\equiv \pmod 4$) で分割するとき，どのような剰余類に分割されるか示せ．また，-77 と 77 がどの剰余類に属するか調べよ．

解答 整数を 4 で割った余りは，$0, 1, 2, 3$ のいずれかであるから，R_4 の剰余類は $[0], [1], [2], [3]$ の 4 つあり，

$$\mathbf{Z} = [0] \cup [1] \cup [2] \cup [3]$$

である．したがって，

$$\mathbf{Z}/R_4 = \{[0], [1], [2], [3]\}.$$

ここで，これらの同値類は次のとおりである．

$[0] = \{x \mid x \equiv 0 \pmod 4, x \in \mathbf{Z}\} = \{\cdots, -8, -4, 0, 4, 8, \cdots\},$

$[1] = \{x \mid x \equiv 1 \pmod 4, x \in \mathbf{Z}\} = \{\cdots, -7, -3, 1, 5, 9, \cdots\},$

$[2] = \{x \mid x \equiv 2 \pmod 4, x \in \mathbf{Z}\} = \{\cdots, -6, -2, 2, 6, 10, \cdots\},$

$[3] = \{x \mid x \equiv 3 \pmod 4, x \in \mathbf{Z}\} = \{\cdots, -5, -1, 3, 7, 11, \cdots\}$

続いて，-77 と 77 について，4 で割った余りをそれぞれ求め，どの剰余類に属するか調べる．

$-77 = 4 \times (-20) + 3$ より，$-77 \in [3]$

$77 = 4 \times 19 + 1$ より，$77 \in [1]$

コラム　関係データベース

　本章で説明した関係の概念に基づいて，関係データベース（リレーショナルデータベース）が開発されている．現在，データベースといえば，関係データベースを指していることが多い．関係データベースを管理するためのソフトウェアを関係データベース管理システといい，MySQL などのデータベース管理システムがよく知られている．関係データベースは関係モデルにもとづいて設計されているが，この関係モデルは米国 IBM 社のエドガー・F・コッドによって考案された．関係データベースの利用者は，データベースに対してクエリ（問い合わせ）を与え，複数の関係を連結させてデータを検索したり，変更したりすることができる．　　　　　　　　　　　　　　　　◯

2.3 関数

集合 A から集合 B への関係のうち，集合 A の各要素に対して B の要素がただ1つ対応している関係を，A から B への**関数**（function）または**写像**（mapping）という（図 2.8 参照）．

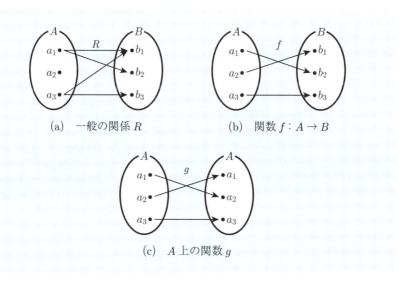

図 2.8 関係と関数

ここで，集合 A は**定義域**（domain）または**始域**（source），集合 B は**余域**（co-domain）または**終域**（target）とそれぞれ呼ばれる．特に，集合 A から A への関数を，**A 上の関数**（function onto A）という．

関数は通常，f や g などで表す．f が A から B への関数ならば，

$$f\colon A \to B$$

と表す．

関数 f が $a \in A$ に割り当てる B のただ 1 つの要素を，f の下での a の**像**（image）と呼び，$f(a)$ で表す．f の下での像全体の集合は f の**像**または**値域**（range）と呼ばれ，$f(A)$ で表される（図 2.9 (a) 参照）．ここで，$f(A)$ は B の部分集合である．

2 つの関数を，$f: A \to B$, $g: A \to B$ とする．すべての $a \in A$ に対して，$f(a) = g(a)$ が成り立つとき，f と g は**等しい**といい，$f = g$ で表す．

集合 A 上の関数 $f: A \to A$ のうち，すべての $a \in A$ に対して $f(a) = a$ が成り立つ関数を，A 上の**恒等関数**（identity function）という（図 2.9 (b) 参照）．A 上の恒等関数は通常，1_A で表す．

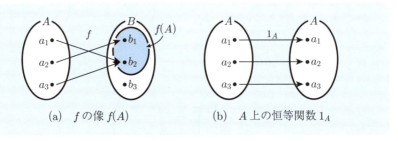

(a) f の像 $f(A)$ 　　　(b) A 上の恒等関数 1_A

図 2.9　f の像と A 上の恒等関数

f を集合 A から B への関数とするとき，次の性質を定義する（図 2.10 参照）．

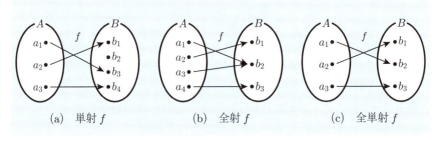

(a) 単射 f 　　　(b) 全射 f 　　　(c) 全単射 f

図 2.10　単射，全射，全単射

(1) f の定義域 A の異なる要素が異なる像を持つとき,つまり,すべての $a, b \in A$ に対して,
$$a \neq b \quad \text{ならば} \quad f(a) \neq f(b)$$
であるとき(この条件は,$f(a) = f(b)$ ならば $a = b$ であるとき,と言い換えることもできる),f を**単射**(injective)または **1 対 1**(one to one)の関数という.

(2) f の余域 B の各要素が A のある要素の像となっているとき,つまり,f の像が余域全体である($f(A) = B$)とき,f を**全射**(surjective)または A から B の上への(onto)関数という.

(3) f が単射かつ全射であるとき,f を**全単射**(bijective)または **1 対 1 対応**(one to one correspondence)の関数であるという.

関数 $f: A \to B$ について,逆関係 f^{-1} が B から A への関数であるとき,f は**可逆**(invertible)であるという.ここで,この関数
$$f^{-1}: B \to A$$
を,f の**逆関数**(inverse function)という(図 2.11 参照).

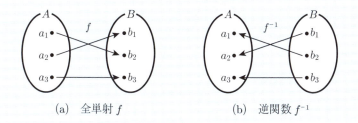

(a) 全単射 f (b) 逆関数 f^{-1}

図 2.11 可逆な関数

● **定理 2.3** ●

関数 $f: A \to B$ が可逆であるとき,かつそのときに限り,f は全単射である.

例題 2.13 $A = \{a, b, c, d\}$, $B = \{1, 2, 3\}$ とするとき,次の関係(図 2.12 参照)が関数かどうか調べよ.また,関数の場合は単射か,全射かを調べ,その関数の像を求めよ.

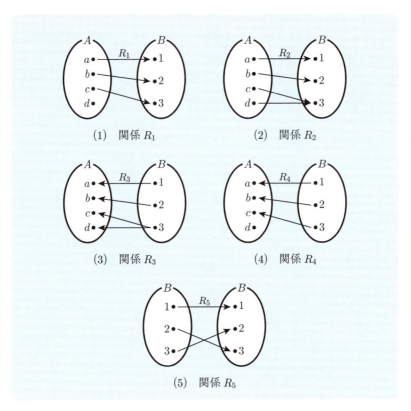

図 2.12 例題 2.13 の関係

(1) A から B への関係 $R_1 = \{(a, 1), (b, 2), (c, 3)\}$
(2) A から B への関係 $R_2 = \{(a, 1), (b, 2), (c, 3), (d, 3)\}$
(3) B から A への関係 $R_3 = \{(1, a), (2, b), (3, c), (3, d)\}$
(4) B から A への関係 $R_4 = \{(1, a), (2, b), (3, c)\}$
(5) B 上の関係 $R_5 = \{(1, 1), (2, 3), (3, 2)\}$

2.3 関数

> **解答** (1) A の要素 d に対応する B の要素が存在しないので，関係 R_1 は A から B への関数ではない．
>
> (2) A の各要素に対応する B の要素がただ 1 つ存在するので，関係 R_2 は A から B への関数である．
>
> A の 2 つの要素 c, d が B の要素 3 に対応しているので，単射ではない．また，B の各要素が A のある要素の像となっているので，全射である．
>
> 関数 $R_2 \colon A \to B$ の像は，$R_2(A) = \{1, 2, 3\}$．
>
> (3) B の要素 3 に対応する A の要素が c, d の 2 つあるので，関係 R_3 は B から A への関数ではない．
>
> (4) B の各要素に対応する A の要素がただ 1 つ存在するので，関係 R_4 は B から A への関数である．
>
> B の各要素に対応する A の要素がそれぞれ異なるので，単射である．また，A の要素 d には B の要素がどれも対応していないので，全射ではない．
>
> 関数 $R_4 \colon B \to A$ の像は，$R_4(B) = \{a, b, c\}$．
>
> (5) B の各要素に対応する B の要素がただ 1 つ存在するので，関係 R_5 は B 上の関数である．また，関数 R_5 は単射であり，かつ全射である．つまり，R_5 は全単射である．
>
> B 上の関数 R_5 の像は，$R_5(B) = \{1, 2, 3\}$．

コラム 関数型プログラミング

プログラムに対して与えられた入力に，種々の操作を適用して得られる値がプログラムの出力であるので，コンピュータプログラムはある種の関数であると考えることができる．C 言語などを用いた手続き型プログラミングでは，コマンドの実行の列としてプログラムを記述していくが，関数型プログラミングでは複数のプログラムを関数の適用によって合成していく．関数型プログラミングではプログラムの構成に関数を多用するため，その基礎理論を与える計算モデルとしては，関数をオブジェクトとして扱えるラムダ計算や項書き換えシステムが採用される．JavaScript や Java などの言語には，関数型言語の機能や特徴が取り入れられている． ○

2.4 可算集合

集合 A と B の間に全単射関数が存在するとき，A と B は等しい**濃度**（cardinality）を持つという．集合 A の濃度を $|A|$ で表す．

濃度は，集合の要素の個数を無限集合にまで拡張した概念である．A が有限集合の場合，濃度 $|A|$ は A の要素数と同じであり，ある有限の自然数 n で与えられ，A は濃度 n を持つという．したがって，この有限集合 A と等しい濃度を持つ集合は，A と同じ要素数を持つ有限集合である．

一方，自然数全体の集合 $\boldsymbol{N} = \{1, 2, 3, \cdots\}$ と等しい濃度を持つ集合を，**可算（無限）集合**（countable infinite set）または**可付番集合**といい，$|\boldsymbol{N}|$ を**可算濃度**（countable cardinality）という．$|\boldsymbol{N}|$ は $\aleph_0$（アレフゼロ）で表す場合もある．

濃度 $\aleph_0$ を持つ集合は無限集合ではあるが，自然数を使って，その要素を 1 から順に番号を付けられる集合である．集合 $\boldsymbol{N}, \boldsymbol{Z}, \boldsymbol{Q}$ はすべて，可算濃度 $\aleph_0$ を持つ．有限集合と可算集合を合わせて**離散集合**（discrete set）という．

● **定理 2.4** ●

A, B を可算集合とするとき，$A \cup B$ も可算集合である．

この定理を使うことによって，$\boldsymbol{Z}$ や $\boldsymbol{Q}$ が可算集合であることを示せる．

> **例題 2.14** 整数全体の集合 $\boldsymbol{Z}$ が可算集合であることを示せ．
> **解答** $\boldsymbol{Z} = \{n \mid n \in \boldsymbol{Z}\} = \{1 - n \mid n \in \boldsymbol{N}\} \cup \{n \mid n \in \boldsymbol{N}\} = \{1 - n \mid n \in \boldsymbol{N}\} \cup \boldsymbol{N}$ であり，$\{1 - n \mid n \in \boldsymbol{N}\}, \boldsymbol{N}$ 共に可算集合である．したがって，定理 2.4 から $\boldsymbol{Z}$ も可算集合である．

実数全体の集合 $\boldsymbol{R}$ の濃度 $|\boldsymbol{R}|$ を**連続濃度**（cardinality of continuum）といい，これを $\aleph$（アレフ）で表す．

実数全体の集合 $\boldsymbol{R}$ が可算集合でないことは，**背理法**および**対角線論法**によって証明することができる（詳細については，第 3 章 3.4 節に示す）．

演習問題

2.1 $A = \{a, b, c\}$, $B = \{0, 1\}$ とするとき，次の直積を求めよ．
(1) $A \times B$
(2) $B \times A$
(3) A^2
(4) B^3

2.2 (1) $A = \{a, b, c\}$, $B = \{1, 2, 3, 4\}$ とするとき，次の A から B への 2 項関係 R を図示せよ．
$$R = \{(a, 1), (a, 2), (b, 3), (c, 1), (c, 3), (c, 4)\}$$
(2) $C = \{1, 2, 3\}$ のとき，次の C 上の関係 S を図示せよ．
$$S = \{(1, 1), (2, 1), (2, 2), (3, 1), (3, 2), (3, 3)\}$$

2.3 自然数全体の集合 $\boldsymbol{N}$ の部分集合 A を，$A = \{2, 3, 4, 6\}$ とする．また，第 2 成分の値が第 1 成分の値の倍数であるような A 上の関係を R とし，第 2 成分の値が第 1 成分の値の約数であるような A 上の関係を S とする．
(1) R および S をそれぞれ求めよ．
(2) R と S の合成 $R \circ S$，および S と R の合成 $S \circ R$ を，それぞれ求めよ．

2.4 問題 2.3 の問題中の A 上の関係 R, S について，以下を求めよ．
(1) R の逆関係 R^{-1}，S の逆関係 S^{-1}
(2) R^{-1} と S^{-1} の合成 $R^{-1} \circ S^{-1}$，R と S の合成の逆関係 $(R \circ S)^{-1}$

2.5 $A = \{a, b, c\}$ とし，A 上の関係 R を次のとおりとする．
$$R = \{(a, a), (a, b), (a, c), (b, b), (b, c), (c, a), (c, c)\}$$
この関係 R について，次の性質を満たすかどうか調べよ．
(1) 反射的
(2) 対称的
(3) 反対称的
(4) 推移的

□ **2.6** $A = \{1, 2, 3, 4\}$ とし,A 上の関係 R を次のとおりとする.
$R = \{(1,1), (1,2), (1,4), (2,1), (2,2), (2,4), (3,3), (4,1), (4,2), (4,4)\}$
(1) R が同値関係であることを確認せよ.
(2) A の R による同値類をすべて求め,R による A の商を求めよ.

□ **2.7** 整数全体の集合 $\boldsymbol{Z}$ を,7 を法として合同な同値関係 R_7($\equiv$ (mod 7)) で分割するとき,どのような剰余類に分割されるか示せ.また,-55 と 55 がどの剰余類に属するか調べよ.

□ **2.8** $A = \{1, 2, 3, 4\}$,$B = \{a, b, c\}$ とするとき,次の関係が関数かどうか調べよ.また,関数の場合は単射か,全射かを調べ,その関数の像を求めよ.
(1) A から B への関係 $R_1 = \{(1, a), (2, c), (3, b), (4, c)\}$
(2) A から B への関係 $R_2 = \{(1, a), (2, c), (4, b)\}$
(3) B から A への関係 $R_3 = \{(a, 1), (b, 4), (c, 2)\}$
(4) B 上の関係 $R_4 = \{(a, a), (b, a), (b, c), (c, b)\}$

□ **2.9**♯ 有理数全体の集合 $\boldsymbol{Q}$ が可算集合であることを示せ.

第3章
論理と証明法

　前章までは，論理的な議論を記述する際に，「かつ」，「または」，「ならば」のような言葉を用いていた．本章では，このような自然言語で表現される論理を，記号を用いて定式化した命題論理について学ぶ．さらに，これらの論理を用いた証明法について述べ，特に，情報工学分野において重要な数学的帰納法に焦点を当てて解説する．これらの概念を応用して人工知能分野では，定理の自動証明システムの構築や，論理型プログラミング言語（Prolog など）の実現などが行われている．

- 命題
- 論理演算
- 命題関数と限定記号
- 証明の論法
- 数学的帰納法

3.1 命題

前章までは，"かつ"，"または"，"ならば" のような言葉を用いて論理を展開した．このような自然言語（日本語や英語などの，日常的な会話や文書で使われる言語）で表される論理を，記号を用いて形式化したものが**命題論理**（propositional logic）である．

論理的に正しいことを**真**(true) といい，正しくないことを**偽**(false) という．

真か偽か，いずれか一方に明確に定まる主張を，**命題**（proposition）という．つまり，命題とは，誰が判断しても真か偽のいずれかが明確な文章や式のことである．命題が真のとき，その命題が**成り立つ**（hold），または**成立する**という．

> **例題 3.1** 次の主張が命題かどうか答えよ．
> (1) 月は地球の衛星である
> (2) 猫は可愛い
> (3) $2 \times 3 = 7$
> (4) $x^2 = 1$
>
> **解答** (1) 誰もが真と判定するので，命題である．
> (2) 人によって判断が異なるので，命題ではない．
> (3) 誰もが偽と判定するので，命題である．
> (4) 変数 x の値が何かを特定しない場合は，命題ではない．

命題は p, q, r などの英小文字を使って表す．命題の中身は，例えば，

$$p = 月は地球の衛星である，$$
$$q = [\,2 \times 3 = 7\,]$$

のように書くことにする．

命題の真偽の値を**真理値**（truth value）といい，真のときは T，偽のときは F で表す．命題 p が真のときは $p = \mathrm{T}$，命題 q が偽のときは $q = \mathrm{F}$ などと書く．

3.2 論理演算

命題間の演算を行う**論理演算**（logical operation）を導入すると，与えられた1つ以上の命題から新しい命題を作ることができる．論理演算の記号は**論理記号**（logical symbol）または**命題結合記号**（propositional connective）と呼ばれる．

論理和と論理積 2つの命題 p, q の真（T）偽（F）により，表 3.1 の真理値を持つ命題 $p \vee q, p \wedge q$ について，$p \vee q$ を p と q の**論理和**（logical sum）あるいは**選言**（disjunction）といい，$p \wedge q$ を p と q の**論理積**（logical product）あるいは**連言**（conjunction）という．ここで，このような命題の真偽を表にしたものを，**真理表**（truth table）または**真理値表**という．

表 3.1 論理和と論理積の真理表

p	q	$p \vee q$	$p \wedge q$
T	T	T	T
T	F	T	F
F	T	T	F
F	F	F	F

$p \vee q$ は "p or（または）q"，$p \wedge q$ は "p and（かつ）q" という意味である．

例 3.1 $p = $ クジラは哺乳類である， $q = $ 哺乳類は脊椎動物である とすると，$p = $ T, $q = $ T であるから

$p \vee q = $ クジラは哺乳類であるか，または，哺乳類は脊椎動物である $= $ T,

$p \wedge q = $ クジラは哺乳類であり，かつ，哺乳類は脊椎動物である $= $ T

である．また，

$p = $ ペンギンは鳥である， $q = $ 鳥は空を飛べる

とすると，$p = $ T, $q = $ F（飛べない鳥もいる）から，

$p \vee q = $ ペンギンは鳥であるか，または，鳥は空を飛べる $= $ T,

$p \wedge q = $ ペンギンは鳥であり，かつ，鳥は空を飛べる $= $ F

である． ○

否定 命題 p の真偽により，表 3.2 の真理値を持つ命題 $\neg p$ を p の（**論理**）**否定**（logical negation）という．

表 3.2 否定の真理表

p	$\neg p$
T	F
F	T

例 3.2 "$p=$ クジラは哺乳類である" とすると，$p=$ T から，
$$\neg p = \text{クジラは哺乳類ではない} = \text{F}$$
である．また，"$p=$ 太陽は西から昇る" とすると，$p=$ F から，
$$\neg p = \text{太陽は西から昇らない} = \text{T}$$
である． 〇

命題論理において，最小単位となる命題を**基本命題**（primitive proposition）といい，いくつかの基本命題を論理記号で結合することによって構成される命題を**複合命題**（compound proposition）という．

どの命題とどの命題が結合されているかを明確にするため，括弧 " (" と ") " を用いる．例えば，命題 p, q について，$\neg p, p \wedge q$ は厳密にはそれぞれ，$\neg(p)$, $(p) \wedge (q)$ と書くが，括弧の中に命題が 1 つしかないので括弧を省略している．

命題 p, q, r に対して，複合命題には例えば，
$$(\neg p) \wedge q, \quad (p \vee q) \wedge r, \quad \neg\bigl(p \wedge (q \vee r)\bigr)$$
などがある．ここで，否定（$\neg$）は最も結合力が強いものとするので，$(\neg p) \wedge q$ については，括弧を省略して $\neg p \wedge q$ と書くこともある．

命題 $p, q, r, \cdots$ で構成される複合命題を
$$P(p, q, r, \cdots)$$
などで表す．この複合命題の真偽は，構成要素である基本命題 $p, q, r, \cdots$ の真偽によって完全に決定される．

例題 3.2 次の複合命題について,真理表を作成せよ.
(1) $(\neg p) \wedge q$
(2) $\neg(p \vee q)$

解答 基本命題 p, q のすべての真理値の組合せについて,複合命題の構成順に真偽を調べていくと,表 3.3 の真理表が得られる.

表 3.3 例題 3.2 の複合命題の真理表

(1) $(\neg p) \wedge q$

p	q	$\neg p$	$(\neg p) \wedge q$
T	T	F	F
T	F	F	F
F	T	T	T
F	F	T	F

(2) $\neg(p \vee q)$

p	q	$p \vee q$	$\neg(p \vee q)$
T	T	T	F
T	F	T	F
F	T	T	F
F	F	F	T

命題を構成する基本命題の真偽に関わらず，
- 常に真（T）である命題を，**恒真命題**（tautology）または**トートロジー**という．
- また，常に偽（F）である命題を，**矛盾命題**（contradiction）または**コントラディクション**という．

例題 3.3 命題 p, q に対して以下が成立することを，真理表を作成して確認せよ．
(1) $(p \vee q) \vee (\neg p)$ は恒真命題である．
(2) $(p \wedge q) \wedge (\neg q)$ は矛盾命題である．

解答 基本命題 p, q のすべての真理値の組合せについて，複合命題の構成順に真偽を調べていくと，表 3.4 の真理表が得られる．

表 3.4 例題 3.3 の命題の真理表

(1) $(p \vee q) \vee (\neg p)$

p	q	$p \vee q$	$\neg p$	$(p \vee q) \vee (\neg p)$
T	T	T	F	T
T	F	T	F	T
F	T	T	T	T
F	F	F	T	T

(2) $(p \wedge q) \wedge (\neg q)$

p	q	$p \wedge q$	$\neg q$	$(p \wedge q) \wedge (\neg q)$
T	T	T	F	F
T	F	F	T	F
F	T	F	F	F
F	F	F	T	F

(1) 最終結果がすべて真なので，恒真命題である．
(2) 最終結果がすべて偽なので，矛盾命題である．

命題 $p, q, r, \cdots$ から構成される 2 つの複合命題 $P(p, q, r, \cdots)$, $Q(p, q, r, \cdots)$ が同一の真理表を持つとき，つまり，$p, q, r, \cdots$ のすべての真理値の組合せに対して，$P(p, q, r, \cdots)$ と $Q(p, q, r, \cdots)$ の真理値が一致するとき，これらの複合命題は**論理同値**（logically equivalent）または，単に**同値**（equivalent）であるといい，
$$P(p, q, r, \cdots) \equiv Q(p, q, r, \cdots)$$
で表す．同値な命題は，"$\equiv$" の代わりに "$=$" を使って表すこともある．

● **定理 3.1** ●

任意の命題 p, q, r に対する，$\vee, \wedge, \neg$ による論理演算について，次の式が成立する．

(1) ［**べき等律**（idempotent laws）］ $p \vee p \equiv p, \quad p \wedge p \equiv p$
(2) ［**交換律**（commutative laws）］ $p \vee q \equiv q \vee p, \quad p \wedge q \equiv q \wedge p$
(3) ［**結合律**（associative laws）］
$$(p \vee q) \vee r \equiv p \vee (q \vee r), \quad (p \wedge q) \wedge r \equiv p \wedge (q \wedge r)$$
(4) ［**分配律**（distributive laws）］
$$(p \vee q) \wedge r \equiv (p \wedge r) \vee (q \wedge r), \quad (p \wedge q) \vee r \equiv (p \vee r) \wedge (q \vee r)$$
(5) ［**同一律**（identity laws）］
$$p \vee F \equiv p, p \wedge F \equiv F, \quad p \vee T \equiv T, p \wedge T \equiv p$$
(6) ［**補元律**（complement laws）］
$$p \vee \neg p \equiv T, \quad p \wedge \neg p \equiv F, \quad \neg T \equiv F, \quad \neg F \equiv T$$
(7) ［**対合律**（involution laws）］ $\neg(\neg p) \equiv p$
(8) ［**ド・モルガンの法則**（De Morgan's laws）］
$$\neg(p \vee q) \equiv (\neg p) \wedge (\neg q), \quad \neg(p \wedge q) \equiv (\neg p) \vee (\neg q)$$

例題 3.4 定理 3.1 の (4), (8) の第 1 式が正しいことを,真理表を使って示せ.
解答 真理表を作成し,それぞれの式の左辺と右辺の真理値が一致することを確認する.

(4) 命題 p, q, r の各真理値に対して真理表を作成すると,表 3.5 (4) のようになる.左辺の最終結果 ② と右辺の最終結果 ③′ の真理値は全く同じであるから,(4) の第 1 式が成立することを示せた.

表 3.5 定理 3.1 (4), (8) 第 1 式の真理表

(4) $(p \vee q) \wedge r \equiv (p \wedge r) \vee (q \wedge r)$

p	q	r	$(p \vee q) \wedge r$		$(p \wedge r) \vee (q \wedge r)$		
			①	②	①′	③′	②′
T	T	T	T	T	T	T	T
T	T	F	T	F	F	F	F
T	F	T	T	T	T	T	F
T	F	F	T	F	F	F	F
F	T	T	T	T	F	T	T
F	T	F	T	F	F	F	F
F	F	T	F	F	F	F	F
F	F	F	F	F	F	F	F

(8) $\neg(p \vee q) \equiv (\neg p) \wedge (\neg q)$

p	q	$\neg(p \vee q)$		$(\neg p) \wedge (\neg q)$		
		②	①	①′	③′	②′
T	T	F	T	F	F	F
T	F	F	T	F	F	T
F	T	F	T	T	F	F
F	F	T	F	T	T	T

(8) 真理表は表 3.5 (8) のとおりである.左辺の最終結果 ② と右辺の最終結果 ③′ の真理値は全く同じであるから,(8) の第 1 式が成立することを示せた.

命題 p, q に対して，表 3.6 の真理表で与えられる命題 $p \to q$ を，**条件（付き）命題**（conditional proposition）または**含意**（implication）という．"$p \to q$" は，"p ならば q" という意味である．ここで，$p \to q$ が偽（F）となるのは，$p = \text{T}$ かつ $q = \text{F}$ のときのみである．特に，$p = \text{F}$ ならば，q がどのような値であっても $p \to q$ は真（T）であることに注意しよう．

表 3.6 条件付き命題の真理表

p	q	$p \to q$
T	T	T
T	F	F
F	T	T
F	F	T

条件付き命題 $p \to q$ が真（T）のとき，p は q の**十分条件**（sufficient condition）であるといい，q は p の**必要条件**（necessary condition）であるという．また，$p \to q$ と $q \to p$ が共に真のとき，p は q の**必要十分条件**（necessary and sufficient condition）（または，q は p の必要十分条件）といい，p と q は**同値**であるという．

● **定理 3.2** ●

命題 p, q に対して，次の式が成立する．
(1)　$p \to q \equiv (\neg p) \lor q$
(2)　$\neg(p \to q) \equiv p \land (\neg q)$

この定理から，命題 $p \to q$ は，$\lor, \land, \neg$ のみによる論理演算によって表せることがわかる．

例題 3.5 定理 3.2 (1) が正しいことを，真理表を使って示せ．

解答 真理表は表 3.7 のとおりである．
左辺の最終結果①と右辺の最終結果②' の真理値が全く同じであるから，(1) の式 $p \to q \equiv (\neg p) \lor q$ が成立することが示せた．

表 3.7 定理 3.2 (1) の真理表

p	q	$p \to q$	$(\neg p)$	$\lor q$
		①	①'	②'
T	T	T	F	T
T	F	F	F	F
F	T	T	T	T
F	F	T	T	T

> **例題 3.6** 次の複合命題が恒真命題であることを示せ．
> $$(p \wedge (p \to q)) \to q$$
>
> **解答** 真理表は表 3.8 のとおりである．
> 最終結果 ③ の真理値がすべて T であるから，この命題は恒真命題である．
>
> **表 3.8** 例題 3.6 の複合命題の真理表
>
> | p | q | \multicolumn{3}{c}{$(p \wedge (p \to q)) \to q$} |
> | --- | --- | --- | --- | --- |
> | | | ② | ① | ③ |
> | T | T | T | T | T |
> | T | F | F | F | T |
> | F | T | F | T | T |
> | F | F | F | T | T |

基本命題 $p, q, r, \cdots$ をそれぞれ，T または F の値を取る変数と考えると，$p, q, r, \cdots$ から構成される複合命題 $P(p, q, r, \cdots)$ は，これらの各変数の真理値によって T か F かが決定されるので，$p, q, r, \cdots$ を変数とする関数と考えることができる．ここで，このときの変数 $p, q, r, \cdots$ は**論理変数**（logical variable）と呼ばれる．

n 個（$n \geq 1$）の論理変数 $p_1, p_2, \cdots, p_n$ によって表される，複合命題 $P(p_1, p_2, \cdots, p_n)$ に対応する関数
$$P(p_1, p_2, \cdots, p_n) \colon \{\text{T}, \text{F}\}^n \to \{\text{T}, \text{F}\}$$
を，**論理関数**（logic function）という．

コラム　自動定理証明

コンピュータプログラムを用いて数学の定理に対する証明を発見することを，自動定理証明という．第一世代の汎用デジタルコンピュータが登場した直後の 1954 年に，マーチン・デービスがプリンストン高等研究所の真空管コンピュータ JOHNNIAC 上にプレスブルガーのアルゴリズムを実装したのがその始まりと言われる．現在の産業界における適用例としては，LSI 設計とその検証が挙げられる．米国の AMD やインテルは，プロセッサの設計検証に自動定理証明を用いている．　　　　○

3.3 命題関数と限定記号

変数にある特定の要素を代入すると真偽が定まる主張を，**命題関数**（propositional function）または**述語**（predicate）という．例えば，"$x^2 = 1$" という式は，x に 0 や 1 などの実数を代入すると真偽が決定され，命題となる．

命題関数は x を変数として，$p(x)$ のように表す．例えば，$x \in \boldsymbol{R}$ であって $p(x) = [x^2 = 1]$ とすると，
$$p(-1) = \mathrm{T}, \quad p(0) = \mathrm{F}, \quad p(1) = \mathrm{T}$$
である．

これを n 個（$n \geq 1$）の変数を持つ関数として拡張し，次のように定義する．

n 個（$n \geq 1$）の集合 $X_1, X_2, \cdots, X_n$ によって表される関数
$$P \colon X_1 \times X_2 \times \cdots \times X_n \to \{\mathrm{T}, \mathrm{F}\}$$
を，（n 変数の）**命題関数**という．

n 変数の命題関数 P について $P(x_1, x_2, \cdots, x_n)$ と書いたとき，これは "$P(x_1, x_2, \cdots, x_n) = \mathrm{T}$"，つまり，"$P$ が n 重対 $(x_1, x_2, \cdots, x_n)$ に対して真である" という主張を表すこともある．

例 3.3 X を集合とし，$A \subseteq X$ とする．$x \in X$ に対して
$$P(x) = \begin{cases} \mathrm{T}, & x \in A \text{ のとき} \\ \mathrm{F}, & x \in \overline{A} \text{ のとき} \end{cases}$$
と定義される関数 P は，1 変数の命題関数である．これを単に，"$x \in A$" で表すことがある． ○

例 3.4 X を集合とするとき，$x, y \in X$ に対して
$$P(x, y) = \begin{cases} \mathrm{T}, & x = y \text{ のとき} \\ \mathrm{F}, & x \neq y \text{ のとき} \end{cases}$$
と定義される関数 P は，2 変数の命題関数である．これを単に，"$x = y$" で表すことがある． ○

全称記号 P を集合 X 上で定義された命題関数とする．このとき，命題関数 $\forall x\, P(x)$ を次のように定義する．

$$\forall x\, P(x) = \begin{cases} \text{T}, & X \text{ のすべての要素 } x \text{ に対して } P(x) = \text{T のとき} \\ \text{F}, & X \text{ のある要素 } x \text{ に対して } P(x) = \text{F のとき} \end{cases}$$

ここで，記号 $\forall$ は**全称記号**（universal quantifier）と呼ばれ，英語の "all"（すべての）や "any"（任意の）の頭文字を記号化したものである．$\forall x\, P(x)$ は "すべての x に対して $P(x)$ は真である" と読む．

$P(x)$ の定義域 X を明示する場合は，"$\forall x\, P(x)$" を "$\forall x \in X, P(x)$" と表すことがある．

例 3.5 "$\forall x \in \boldsymbol{Z}, x \in \boldsymbol{R}$" は，「$\boldsymbol{Z}$ に属するすべての要素 x は $\boldsymbol{R}$ に属する」，つまり，「整数はすべて実数である」という命題である． ○

存在記号 P を集合 X 上で定義された命題関数とする．このとき，命題関数 $\exists x\, P(x)$ を次のように定義する．

$$\exists x\, P(x) = \begin{cases} \text{T}, & X \text{ のある要素 } x \text{ に対して } P(x) = \text{T のとき} \\ \text{F}, & X \text{ のすべての要素 } x \text{ に対して } P(x) = \text{F のとき} \end{cases}$$

ここで，記号 $\exists$ は**存在記号**（existential quantifier）と呼ばれ，英語の "exists"（存在する）の頭文字を記号化したものである．$\exists x\, P(x)$ は "$P(x)$ が真であるような x が存在する" と読む．

$P(x)$ の定義域 X を明示する場合は，"$\exists x\, P(x)$" を "$\exists x \in X, P(x)$" と表すことがある．

例 3.6 "$\exists x \in \boldsymbol{Q}, x \in \boldsymbol{N}$" は，「$\boldsymbol{N}$ に属するような $\boldsymbol{Q}$ の要素 x が存在する」，つまり，「自然数である有理数が存在する」という命題である． ○

3.3 命題関数と限定記号

全称記号と存在記号を合わせて**限定記号**（quantifier）と呼ぶ．限定記号も論理記号の一つである．

例 3.7 (1) 命題
$$\text{``}\forall x \in \boldsymbol{Z}, \exists y \in \boldsymbol{Z}, x + y = 0\text{''}$$
は，「$\boldsymbol{Z}$ の任意の要素 x に対して，$\boldsymbol{Z}$ のある要素 y が存在し，$x+y=0$ が成立する」，つまり，「任意の整数 x に対して，$x+y=0$ となるような整数 y が存在する」ことを表している．

(2) 命題
$$\text{``}\exists x \in \boldsymbol{R}, \forall y \in \boldsymbol{R}, x + y = y\text{''}$$
は，「$\boldsymbol{R}$ にはある要素 x が存在して，$\boldsymbol{R}$ の任意の要素 y に対して $x+y=y$ が成立する」，つまり，「実数の中には，任意の実数 y との和が y であるような要素 x が存在する」ことを表している（この要素 x とは 0 のことである）． ○

例題 3.7 次の命題を日本語で表せ．
(1) $\forall x \in \boldsymbol{Z}, x^2 \in \boldsymbol{Z}$
(2) $\exists x \in \boldsymbol{C}, x^2 \in \boldsymbol{R}$
(3) $\forall x \in \boldsymbol{R}\backslash\{0\}, \exists y \in \boldsymbol{R}, xy = 1$

解答 例えば，以下のように表せる．
　(1) 任意の整数 x に対して，x^2 も整数である．
　(2) 複素数の中には，2 乗すると実数になる数が存在する．
　(3) 0 を除く任意の実数 x に対して，$xy=1$ となるような実数 y が存在する．つまり，0 を除く任意の実数に対して，その逆数である実数が存在する．

3.4 証明の論法

条件付き命題 $p \to q$ を基準とするとき

$$p \to q, \quad q \to p, \quad (\neg p) \to (\neg q), \quad (\neg q) \to (\neg p)$$

をそれぞれ，**順**（命題），**逆**（命題）（converse），**裏**（命題）（inverse），**対偶**（命題）（contraposition）という．

これら各命題の真理表は表 3.9 のとおりである．この真理表から，$(p \to q) \equiv ((\neg q) \to (\neg p))$，つまり，順命題と対偶命題が同値であることがわかる．また，$(q \to p) \equiv ((\neg p) \to (\neg q))$ であるが，これは $q \to p$ の対偶が $(\neg p) \to (\neg q)$ であることによる（図 3.1 参照）．

表 3.9 順・逆・裏・対偶の真理表

p	q	$\neg p$	$\neg q$	$p \to q$	$q \to p$	$(\neg p) \to (\neg q)$	$(\neg q) \to (\neg p)$
T	T	F	F	T	T	T	T
T	F	F	T	F	T	T	F
F	T	T	F	T	F	F	T
F	F	T	T	T	T	T	T

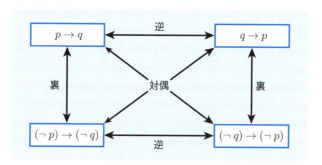

図 3.1 順命題，逆命題，裏命題，対偶命題

3.4 証明の論法

論法(argument)とは，**前提**(premises)と呼ばれる与えられた命題 $P_1, P_2, \cdots, P_n$ ($n \geq 1$) から**結論**(conclusion)と呼ばれる命題 Q が導かれる主張であり，これを
$$P_1, P_2, \cdots, P_n \Rightarrow Q$$
のように書く．

論法 $P_1, P_2, \cdots, P_n \Rightarrow Q$ が**妥当**(valid) であるとは，
$$(P_1 \wedge P_2 \wedge \cdots \wedge P_n) \to Q$$
が恒真命題であることである．つまり，論法 $P_1, P_2, \cdots, P_n \Rightarrow Q$ が妥当であるとき，前提 $P_1, P_2, \cdots, P_n$ がすべて真ならば，結論 Q が真であることが導かれる．これを論理的に導く推論過程を，**証明**(proof) という．

次の 3 つの論法は，証明に用いられる代表的なものである．

● **定理 3.3** ●

次の論法は妥当である．

(1) ［**三段論法**(syllogism)］
$$p \to r, r \to q \Rightarrow p \to q$$

(2) ［**対偶法**(contraposition)］
$$(\neg q) \to (\neg p) \Rightarrow p \to q$$

(3) ［**背理法**(proof by contradiction)］
$$p \wedge (\neg q) = \mathrm{F} \Rightarrow p \to q$$

上記定理が成立することを示すには，$((p \to r) \land (r \to q)) \to (p \to q)$, $((\neg q) \to (\neg p)) \to (p \to q)$, $(p \land (\neg q) = \mathrm{F}) \to (p \to q)$ の各命題が，それぞれ恒真命題であることを示せばよい．これは，表 3.10 に示した真理表から確認できる．

表 3.10 定理 3.3 の各論法に対する命題の真理表

p	q	r	$((p \to r)$	$\land$	$(r \to q))$	$\to$	$(p \to q)$
			①	③	②	⑤	④
T	T	T	T	T	T	T	T
T	T	F	F	F	T	T	T
T	F	T	T	F	F	T	F
T	F	F	F	F	T	T	F
F	T	T	T	T	T	T	T
F	T	F	T	T	T	T	T
F	F	T	T	F	F	T	T
F	F	F	T	T	T	T	T

p	q	$((\neg q)$	$\to$	$(\neg p))$	$\to$	$(p \to q)$
		①	③	②	⑤	④
T	T	F	T	F	T	T
T	F	T	F	F	T	F
F	T	F	T	T	T	T
F	F	T	T	T	T	T

p	q	$(p \land$	$(\neg q)$	$= \mathrm{F})$	$\to$	$(p \to q)$
		②	①	③	⑤	④
T	T	F	F	T	T	T
T	F	T	T	F	T	F
F	T	F	F	T	T	T
F	F	F	T	T	T	T

例 3.8 命題 p, q, r をそれぞれ次のとおりとする.
$$p = [x \in \mathbf{Z}], \quad r = [x \in \mathbf{Q}], \quad q = [x \in \mathbf{R}]$$
$\mathbf{Z} \subset \mathbf{Q}$ から，前提 $p \to r$ は真であり，$\mathbf{Q} \subset \mathbf{R}$ から，前提 $r \to q$ は真である．したがって，三段論法 $(p \to r, r \to q \Rightarrow p \to q)$ によって，結論 $p \to q$ が導かれる．

○

例題 3.8 次の命題 p, q について，命題 $p \to q$ を証明せよ．ただし，(1) には対偶法を，(2) には背理法を用いること．
(1) $p = n^2$ は奇数である，$q = n$ は奇数である
(2) $p = n^2$ は 4 の倍数である，$q = n$ は偶数である

解答 (1) 対偶法，つまり，論法
$$(\neg q) \to (\neg p) \Rightarrow p \to q$$
によって証明を行う．前提 $(\neg q) \to (\neg p)$ が真であることは，次のようにして導ける．

$\neg q = n$ は奇数ではない $\Rightarrow$ n は偶数である

$\Rightarrow \exists k \in \mathbf{Z}, n = 2k$

$\Rightarrow \exists k \in \mathbf{Z}, n^2 = (2k)^2 = 2 \cdot 2k^2$

$\Rightarrow n^2$ は偶数である

$\Rightarrow n^2$ は奇数ではない $= \neg p$

よって，結論 $p \to q$ が証明された．

(2) 背理法，つまり，
$$p \wedge (\neg q) = \mathrm{F} \Rightarrow p \to q$$
によって証明を行う．これは，$p \wedge (\neg q)$ が矛盾命題であることを示せばよい．

$p \wedge (\neg q) = n^2$ は 4 の倍数であり，かつ n は奇数である

$\Rightarrow \exists k_1 \in \mathbf{Z}, n^2 = 4k_1$ かつ $\exists k_2 \in \mathbf{Z}, n = 2k_2 + 1$

$\Rightarrow \exists k_1 \in \mathbf{Z}, n^2 = 4k_1 = 2 \cdot 2k_1$

かつ $\exists k_2 \in \mathbf{Z}, n^2 = (2k_2 + 1)^2 = 2 \cdot (2k_2^2 + 2k_2) + 1$

$\Rightarrow n^2$ は偶数であり，かつ奇数である $= \mathrm{F}$（矛盾）

よって，結論 $p \to q$ が証明された．

第 2 章 2.4 節では，実数全体の集合 $\boldsymbol{R}$ が可算集合でないことを述べた．このことを背理法を用いて証明する．

● **定理 3.4** ●
実数全体の集合 $\boldsymbol{R}$ は可算集合ではない．

証明 $\boldsymbol{R}$ を可算集合と仮定する．$\boldsymbol{R}$ の部分集合

$$X = \{x \mid x = 0.a_1 a_2 a_3 \cdots, a_i \in A\}$$

（ただし，$A = \{0, 1, 2, \cdots, 8\}$）

も無限集合であり，可算集合である．ここで，命題 p, q をそれぞれ，

$$p = X \text{ は } \boldsymbol{R} \text{ の部分集合である},$$

$$q = X \text{ は可算集合ではない}$$

とおくと，複合命題 $p \wedge (\neg q)$ は

$p \wedge (\neg q) = X$ は $\boldsymbol{R}$ の部分集合であり，かつ可算集合である

となる．

以下では，この複合命題が矛盾命題であることを，**対角線論法**（diagonalization）と呼ばれる手法によって導く．

X の要素を

$$X = \{x_1, x_2, \cdots, x_n, \cdots\}$$

のように，ある順番に従って番号付けして並べ，各 x_i $(i = 1, 2, \cdots, n, \cdots)$ を小数で表し，

$$x_1 = 0.\underline{a_{11}} a_{12} \cdots a_{1n} \cdots$$

$$x_2 = 0.a_{21} \underline{a_{22}} \cdots a_{2n} \cdots$$

$$\vdots$$

$$x_n = 0.a_{n1} a_{n2} \cdots \underline{a_{nn}} \cdots$$

$$\vdots$$

とおく．ここで，$b_1, b_2, \cdots, b_n, \cdots$ を，$b_i \in \{0, 1, \cdots, 8\}$ であり，かつ

3.4 証明の論法

$$b_1 \neq a_{11}, \quad b_2 \neq a_{22}, \quad \cdots, \quad b_n \neq a_{nn}, \cdots$$

となるように選び，

$$x = 0.b_1 b_2 \cdots b_n \cdots$$

とおく．すると，$x \in X$ であり，

$$b_i \neq a_{ii} \quad (i = 1, 2, \cdots),$$

つまり，x の小数点第 i 位の数は各 x_i のそれとは異なるので，すべての i について

$$x \neq x_i \quad (i = 1, 2, \cdots)$$

である．したがって，

$$x \notin \{x_1, x_2, \cdots\} = X$$

となり，矛盾が生じる（つまり，命題 r を $r = [x \in X]$ とおけば，$\neg r = [x \notin X]$ であり，$r \wedge (\neg r) = \mathrm{F}$ である）．

X の要素の番号付けをどのように変えたとしても，X に属さない要素を同様に必ず作ることができるので，どのような場合についても矛盾が生じる．したがって，結論 $p \to q$ が導かれる．つまり，X は可算集合ではない．よって，$\boldsymbol{R}$ も可算集合ではない． （証明終）

上記の定理の証明の中で用いた手法が対角線論法と呼ばれるのは，上記のように x_i $(i = 1, 2, \cdots)$ を小数で表したとき，下線を引いた a_{ii} が行列の対角線上に位置していることによる．

3.5 数学的帰納法

数学的帰納法は，すべての自然数 n について成立するような命題を証明する場合によく使われる．次の定理は，ペアノの公理（Peano axioms）と呼ばれる自然数に関する定義から直ちに導かれる．

● **定理 3.5** ●

自然数全体の集合 $\boldsymbol{N}$ の部分集合 S が次の性質 (i), (ii) を満たすとき，$S = \boldsymbol{N}$ である．

(i) $1 \in S$
(ii) $k \in S \ \Rightarrow \ k+1 \in S$

数学的帰納法は，定理 3.5 に基づき，次のように表される．

● **定理 3.6（数学的帰納法（mathematical induction））** ●

$P(n)$ を自然数 n に関する命題関数とする．もし，次の (i), (ii) が成立するならば，任意の自然数 n に対して $P(n)$ が真（つまり，$[\forall n \in \boldsymbol{N}, P(n) = \mathrm{T}]$）である．

(i) ［帰納法の基礎（basis of induction）］ $P(1) = \mathrm{T}$
(ii) ［帰納ステップ（induction step）］
$$\forall k \in \boldsymbol{N}, [P(k) = \mathrm{T} \Rightarrow P(k+1) = \mathrm{T}]$$

ここで，(ii) における条件「$P(k) = \mathrm{T}$」を，**帰納法の仮定**（induction hypothesis）という．

証明 (i) および (ii) が成立すると仮定し，$S = \{n \in \boldsymbol{N} \mid P(n) = \mathrm{T}\}$ とおく．(i) より $P(1) = \mathrm{T}$ が成立するから，$1 \in S$ である．ある $k \in \boldsymbol{N}$ $(k \geq 1)$ に対して $k \in S$ のとき，$k \in S \Rightarrow P(k) = \mathrm{T}$ であるから，(ii) より，

$$k \in S \ \Rightarrow \ P(k) = \mathrm{T} \ \Rightarrow \ P(k+1) = \mathrm{T} \ \Rightarrow \ k+1 \in S$$

と導ける．したがって，定理 3.5 から，$S = \boldsymbol{N}$ である．これより，任意の $n \in S$ に対して $P(n) = \mathrm{T}$，つまり，$[\forall n \in \boldsymbol{N}, P(n) = \mathrm{T}]$ である． （証明終）

3.5 数学的帰納法

定理 3.6 の条件 (i), (ii) を示すことができれば,

$$P(1) = \text{T} \Rightarrow P(1+1) = P(2) = \text{T}$$
$$\Rightarrow P(2+1) = P(3) = \text{T}$$
$$\Rightarrow \cdots$$
$$\Rightarrow P(k) = \text{T}$$
$$\Rightarrow P(k+1) = \text{T}$$
$$\Rightarrow \cdots$$

となり,

$$[\forall n \in \boldsymbol{N}, P(n) = \text{T}\,]$$

が示される.

例題 3.9 連続する 3 つの自然数の 3 乗の和が 9 で割り切れることを, 数学的帰納法を用いて証明せよ.

解答 自然数 n に対して $f(n) = n^3 + (n+1)^3 + (n+2)^3$ とおき, 数学的帰納法における命題関数を $P(n) = [\,f(n)$ が 9 で割り切れる $]$ とする.

(i) (**帰納法の基礎**) $n = 1$ のとき, $f(1) = 1^3 + 2^3 + 3^3 = 1 + 8 + 27 = 36$ であり, $f(1)$ は 9 で割り切れる. つまり, $P(1) = \text{T}$.

(ii) (**帰納ステップ**) $n = k$ $(k \geq 1)$ のとき, $P(k) = \text{T}$, つまり, $f(k)$ が 9 で割り切れると仮定する (帰納法の仮定).
$n = k+1$ のとき,

$$\begin{aligned}
f(k+1) &= (k+1)^3 + (k+2)^3 + (k+3)^3 \\
&= (k+1)^3 + (k+2)^3 + (k^3 + 9k^2 + 27k + 27) \\
&= \{k^3 + (k+1)^3 + (k+2)^3\} + 9\,(k^2 + 3k + 3) \\
&= f(k) + 9\,(k^2 + 3k + 3)
\end{aligned}$$

であり, $f(k+1)$ は 9 で割り切れる. つまり, $P(k+1) = \text{T}$.

以上より, 任意の自然数 n に対して $P(n) = \text{T}$, つまり, $f(n)$ は 9 で割り切れる.

演習問題

3.1 次の主張が命題かどうか答えよ．また，命題の場合は真偽も答えよ．
(1) 富士山は日本で一番高い山である
(2) レオナルド・ダ・ヴィンチが描いた絵画「モナ・リザ」は素晴らしい
(3) 10^{10} は非常に大きい数である
(4) $\sqrt{7}$ は有理数である

3.2 次の複合命題について，真理表を作成せよ．
(1) $(p \vee q) \wedge (\neg r)$
(2) $\neg(p \wedge (q \vee r))$

3.3 命題 p と q の**排他的論理和**（exclusive or）あるいは**排他的選言**（exclusive disjunction）は，次のように定義される．
$$p \oplus q = (p \wedge \neg q) \vee (\neg p \wedge q)$$
つまり，p と q の一方だけが真のとき，かつそのときに限り，$p \oplus q$ は真である．このことを $p \oplus q$ の真理表を作成して確認せよ．

3.4 次の複合命題が恒真命題か，矛盾命題か，どちらでもないか調べよ．
(1) $(p \vee q) \wedge (\neg p)$
(2) $(p \vee q) \vee (\neg q)$
(3) $(\neg p \wedge q) \wedge p$

3.5 定理 3.1（43 ページ）の (4), (8) の第 2 式が正しいことを，真理表を作成して示せ．

3.6 任意の命題 p, q に対して，**吸収律**と呼ばれる以下の式が成り立つ．
(1) $(p \vee q) \wedge p \equiv p$
(2) $(p \wedge q) \vee p \equiv p$
これらの式が成立することを，真理表を作成せずに，定理 3.1 の法則を利用して導け．

3.7 定理 3.2（45 ページ）の (2) が正しいことを，真理表を作成して示せ．

3.8 次の日本語で書かれた命題を，限定記号を使って表せ．
(1) 任意の実数 x に対して，$x^2 \geq 0$ が成立する
(2) $x^2 - x - 2 \leq 0$ であるような実数 x が存在する
(3) 任意の整数 x に対して，$\dfrac{x}{y}$ が整数であるような整数 y が存在する

□ **3.9**♯ m, n を整数とし，命題 p, q を
$$p = [\,m+n \text{ は奇数}\,],$$
$$q = [\,m^2+n^2 \text{ は奇数}\,]$$
とする．このとき，命題 $p \to q$ を，次の論法を用いて証明せよ．
(1) 対偶法
(2) 背理法

□ **3.10**♯ 数学的帰納法を用いて，次の命題を証明せよ．
(1) $\forall n \in \boldsymbol{N}, \ \displaystyle\sum_{i=1}^{n} i = \frac{n(n+1)}{2}$
(2) $\forall n \in \boldsymbol{N}, \ \displaystyle\sum_{i=1}^{n} i^2 = \frac{n(n+1)(2n+1)}{6}$

第4章

代数学の基礎

　本章では，情報工学分野で必要になる代数学の基礎について解説する．具体的には，合同式，ユークリッドの互除法，有限体，フェルマーの小定理などについて説明する．さらに，これらの概念の応用事例として，RSA公開鍵暗号の仕組みを概説する．この仕組みは現在，インターネット上で広く用いられている．

| 合同式
| 最大公約数
| 有限体
| RSA公開鍵暗号

4.1 合同式

　第 2 章 2.2 節で説明したように，2 つの整数 a, b を m で割った余りが同一のとき，a と b とは m を法として合同であるという．整数 a, b を，共に m で割ったときの余りが r である整数とすると，

$$a = pm + r, \quad b = qm + r$$

を満たす整数 p, q がそれぞれ 1 つずつ決まり，

$$a - b = (p - q)m$$

が成り立つので，a と b の差は m の倍数となる．このとき，a と b は **m を法として合同**であるといい，このことを，

$$a \equiv b \pmod{m}$$

で表す．また，この式のことを**合同式**（congruence equation）と呼ぶ．

例 4.1　$m = 12$ を法とする代数を考えると，これは時計の文字盤に相当する代数となる．例えば，$4 + 9$ を 12 で割った余りは 1 になるので，

$$4 + 9 \equiv 1 \pmod{12}$$

が成り立つが，これは「4 時の 9 時間後は 1 時である」と解釈できる．また，14 を 12 で割った余りは 2 なので，

$$2 \equiv 14 \pmod{12}$$

が成り立つが，これは「14 時は，午後 2 時である」と解釈できる．　　　　○

4.1 合同式

整数全体の集合を Z で表す．m を法とする体系を Z_m で表す．すなわち，
$$Z_m = \{0, 1, 2, \cdots, m-1\}$$
である．Z_m では，自然に，加法，減法，乗法が定義できるが，$m-1$ の次は 0 に戻るので，順序関係は成立しない．すなわち，$0 < 1, 1 < 2, \cdots, m-2 < m-1$ は，すべて成立するが，$m-1 < 0$ となって，もとに戻ってしまうため，順序関係が満たすべき，

推移律：「$a < b$ かつ $b < c$ ならば $a < c$」

が成立しない．

また，Z_m の乗法では，a も b も 0 ではないのに，その積 ab が 0 になるという問題が発生する．例えば，6×4 を 12 で割った余りは 0 なので，
$$6 \times 4 \equiv 0 \pmod{12}$$
となる．

また，0 でない整数 c を掛けた積が同一でも，もとの数が異なる場合がある．すなわち，

消去法則：「$ac \equiv bc$ ならば $a \equiv b$」

が成り立たない．例えば，
$$3 \times 5 \equiv 15 \times 5 \pmod{12}$$
が成り立つ．これでは除法が定義できない．また

「$ab \equiv 0$ ならば $a \equiv 0$ または $b \equiv 0$」

という基本法則も成立しないので，方程式を解くことができない．ただし，これは $m = 12$ が素数でないために起こることであり，m が素数ならば，上記のようなことは起こらない．

例 4.2 $m = 7$ を法とする代数を考える．
$$a \times b \equiv 0 \pmod{7}$$
であれば，ある整数 k に対して，
$$ab = 7k$$
と表せる．このとき，7 は素数なので，a または b が 7 の倍数となるから，$a = 0$ または $b = 0$ が成り立つ． ○

合同式の代数　合同式は，以下のような，通常の等式と似た性質を持っている．

(1) $a \equiv a \pmod{m}$
(2) $a \equiv b \Rightarrow b \equiv a \pmod{m}$
(3) $a \equiv b, b \equiv c \Rightarrow a \equiv c \pmod{m}$

通常の $a = b$ という関係は，任意の整数 m を法として
$$a \equiv b \pmod{m}$$
が成り立つことに他ならない．

次に，合同関係における加法，減法，乗法については，以下の関係式が成り立つ．

● 定理 4.1 ●
$a \equiv b, c \equiv d \pmod{m}$ のとき，以下の合同式が成り立つ．
(1) $a + c \equiv b + d \pmod{m}$
(2) $a - c \equiv b - d \pmod{m}$
(3) $ac \equiv bd \pmod{m}$

例題 4.1　定理 4.1 の (1)〜(3) が成り立つことを証明せよ．

解答　(1) $a \equiv b, c \equiv d \pmod{m}$ より，
$$a - b = mk, \quad c - d = ml \ (k, l は整数)$$
と表せるから，
$$(a + c) - (b + d) = (a - b) + (c - d) = m(k + l)$$
となり，$k + l$ は整数であるから，$a + c \equiv b + d \pmod{m}$ が成り立つ．

(2) (1) と同様にして証明できる．

(3) 簡単な計算によって，以下の式が成り立つことがわかる．
$$ac - bd = (a - b)c + (c - d)b = m(kc + lb)$$
よって，$ac \equiv bd \pmod{m}$ が成り立つことが示された．

4.2 最大公約数

2つの整数 m, n（ただし $m \geq n$ とする）の最大公約数を求める効率の良いアルゴリズムとして，以下の**ユークリッドの互除法**（Euclidean algorithm）が広く用いられている．

(1) m を n で割り，商を q とし，余りを r とする．
(2) 余りが $r = 0$ ならば，そのときの除数 n が求める最大公約数である．
(3) 余りが $r = 0$ でなければ，代入操作 $m := n, n := r$ を実行してから，ステップ (1) に戻る．

例題 4.2 126 と 54 の最大公約数を，ユークリッドの互除法を用いて求めよ．

解答 $m = 126, n = 54$ の場合，まず，
$$126 = 54 \times 2 + 18$$
より，$q = 2, r = 18$ となる．このとき，$r = 0$ ではないので，
$$m := n = 54, \quad n := r = 18$$
と代入を行ってから，ステップ (1) に戻る．

すると，今度は，
$$54 = 18 \times 3 + 0$$
より，$q = 3, r = 0$ となる．このとき，$r = 0$ となったので，このときの除数 $n = 18$ が，126 と 54 の最大公約数となる．

ユークリッドの互除法で，2つの整数の最大公約数が正しく求まることは，以下の定理から導かれる．

● 定理 4.2 ●

a, b, q, r を整数とし，$a = bq + r, 0 \leq r < |b|$ であるとき，a, b の公約数全体の集合 P と，b, r の公約数全体の集合 Q とは一致する．

証明 $P = Q$ を証明したいので，$P \subseteq Q$ かつ $P \supseteq Q$ であることを示せばよい．今，Q の任意の要素を d とすると，

$$b = b'd, \ r = r'd \quad (b', r' は整数)$$

とおくことができて，

$$a = bq + r = (b'q + r')d$$

であるから，d は a, b の公約数で，$d \in P$ であるので，$P \supseteq Q$ が成り立つ．

また，P の任意の要素を d' とすると，与えられた式より，

$$r = a - bq$$

であるから，上と同様にして，d' は r の約数であることが示される．よって，$d' \in Q$ となるので，$P \subseteq Q$ が成り立つ．

以上のことより，$P = Q$ が成り立つことが示された． （証明終）

ユークリッドの互除法では，整数 a を整数 b で割った余りが r_1，b を r_1 で割った余りが r_2，r_1 を r_2 で割った余りが r_3，$\cdots$ という形で，余りが 0 になるまで計算を進めていく．もし，ある n に対して，r_{n-1} が r_n で割り切れたのならば，a, b の最大公約数は r_n となる．

上の定理から，P, Q の要素のうち最大のものも一致するので，a, b の最大公約数と b, r の最大公約数は一致する．以下，同様にして，

$(a, b の最大公約数) = (b, r_1 の最大公約数) = (r_1, r_2 の最大公約数)$

$= (r_2, r_3 の最大公約数) = (r_{n-1}, r_n の最大公約数)$

が成り立つが，r_{n-1} が r_n で割り切れた場合には，r_{n-1} と r_n の最大公約数は r_n なので，a, b の最大公約数も r_n となる．

以上のことから，ユークリッドの互除法の正当性が証明された．

4.2 最大公約数

次節以降で以下の定理が必要となるので，証明しておこう．

● **定理 4.3**

正の整数 m, n の最大公約数を a とすると，適当な整数（負でもよい）u, v を取って，
$$mu + nv = a$$
とすることができる．特に，m と n が互いに素ならば，
$$mu + nv = 1$$
とすることができる．

証明 上記の定理を，ユークリッドの互除法を実行することにより証明する．$m \geq n$ とし，$m = n_0, n = n_1$ と書くことにしよう．まず，n_0 を n_1 で割り，以下のように，商 q_1 と余り n_2 を得たとする．
$$n_0 = q_1 n_1 + n_2$$
さらに，互除法を繰り返し，n_{i-1} を n_i で割って，以下のように，商 q_i と余り n_{i+1} を得たとする．
$$n_{i-1} = q_i n_i + n_{i+1}$$
この操作は，有限回（k 回とする）の後，$n_{k+1} = 0$ となって終了する．最後の除数 n_k が，m と n の最大公約数 a である．

このとき，途中の n_i は，すべてある整数 n_i, v_i によって，
$$n_i = u_i m + v_i n$$
と表されることがわかる．例えば，
$$n_2 = n_0 - q_1 n_1 = m + (-q_1) n$$
となるが，この場合は $u_2 = 1, v_2 = -q_1$ となっている．また，
$$n_3 = n_1 - q_2 n_2 = n - q_2(m - q_1 n) = (-q_2) m + (1 + q_1 q_2) n$$
となるが，この場合は $u_3 = -q_2, v_3 = 1 + q_1 q_2$ となっている（このことは，一般には，i に関する数学的帰納法によって証明することができる）．

さらに，計算を進めていき，最大公約数 n_k が求まったときの u_k, v_k を，それぞれ，$u = u_k, v = v_k$ とおくと，

$$mu + nv = n_k = a$$

となり，u, v が得られる． (証明終)

例 4.3 (1) $m = 20, n = 36$ の場合，m, n の最大公約数は 4 となるが，$u = 2$, $v = -1$ と取れば，確かに，

$$mu + nv = 20 \times 2 + 36 \times (-1) = 4$$

が成り立つ．

(2) $m = 5, n = 13$ の場合，m, n の最大公約数は 1 となるが，$u = -5, v = 2$ と取れば，確かに，

$$mu + nv = 5 \times (-5) + 13 \times 2 = 1$$

が成り立つ． ○

コラム 暗号の歴史

暗号の歴史は古く，古代ギリシア時代から使用されていたと言われている．例えば，シーザー暗号というのは，別名「ずらし暗号」とも呼ばれるが，各英字をアルファベット順に何文字かずらして暗号文を生成する方式である．1964 年に公開された「2001 年宇宙の旅」という SF 映画には，究極の人工知能として HAL というコンピュータが登場するが，この HAL という文字列は，大手コンピュータメーカ IBM の各文字を，アルファベット順に 1 文字前にずらしたもので，典型的なずらし暗号となっている．

古代ギリシア時代から現在に至るまで，送信者と受信者だけが共有する秘密情報をもとに暗号文を生成する，秘密鍵暗号が広く用いられてきた．例えば，戦時中に利用されていた使い捨てパッド方式では，暗号化に使用する鍵（0 と 1 のランダムな列）が各ページに印刷され綴じられたメモ帳（パッド）が利用された．暗号を送信する場合には，まず，暗号の送信者が受信者と電話などで話し，パッドの何ページの鍵を使用するかを打ち合わせる．その後，そのページに印刷された鍵を用いて送りたい情報に対応する暗号文を生成し発信する．その暗号文の正当な受信者であれば，暗号化に使用された鍵を知っているので，暗号文からもとの情報を簡単に復元することができる．一方，その暗号の盗聴者は，たとえ，事前の電話も盗聴し，パッドの何ページが使用されたのかを知っていても，肝心のパッドを持っていないので，盗聴した暗号文を解読することはできない．（71 ページのコラム「公開鍵暗号と電子署名」に続く） ○

4.3 有限体

前節の定理 4.3 から，m と n が互いに素ならば，n を法として，m の逆元があることがわかる．すなわち，
$$mu + nv = n_k = 1 \text{ ならば,} \quad mu \equiv 1 \pmod{n}$$
が成り立つが，m と積を取って 1 になる u は，m の逆元である．特に，n が素数 p ならば，p の倍数以外の数に必ずその逆元が存在する．逆元が存在すれば，除法が定義できる．

つまり，素数 p を法とする代数では，$0, 1, 2, \cdots, p-1$ のうちのどの 2 つの整数に対しても，以下の式が成り立つ．
$$ab \equiv 0 \pmod{p} \text{ ならば,} \quad a \equiv 0 \pmod{p} \text{ または } b \equiv 0 \pmod{p}$$
よって，素数 p を法とする代数では，0 で割ることを除いて，四則演算がすべて行える．四則演算が行えて，交換法則，結合法則，分配法則がすべて成立する代数系を，**体**（field）という．したがって，素数 p に対する集合 $\boldsymbol{Z}_p = \{0, 1, \cdots, p-1\}$ は，p 個の要素からなる**有限体**（finite field）と呼ばれる．有限体は，フランスの数学者ガロアにちなんで，**ガロア体**（Galois field）とも呼ばれ，GF と表記されることもある．

例題 4.3 $\boldsymbol{Z}_5 = \{0, 1, 2, 3, 4\}$ において，$2 \div 3$ の値を計算せよ．

解答 $\boldsymbol{Z}_5$ の乗法における 3 の逆元 3^{-1} は
$$3 \times 3^{-1} \equiv 3^{-1} \times 3 \equiv 1 \pmod{5}$$
を満たす整数のことをいうが，
$$3 \times 2 \equiv 2 \times 3 \equiv 1 \pmod{5}$$
が成り立つことから，3 の逆元は 2 であることがわかる．よって，
$$2 \div 3 \equiv 2 \times 3^{-1} \equiv 2 \times 2 \equiv 4 \pmod{5}$$
となる．

定理 4.4（フェルマーの小定理 (Fermat's theorem)）

p を素数，a を p と互いに素な整数とするとき，

$$a^{p-1} \equiv 1 \pmod{p}$$

が成り立つ．

証明 $\boldsymbol{Z}_p = \{0, 1, \cdots, p-1\}$ から，0 以外の数 a を 1 つ選ぶ．$\boldsymbol{Z}_p$ の 0 以外の数 $1, 2, 3, \cdots, p-1$ のすべてに a を掛けると，$a, 2a, 3a, \cdots, (p-1)a$ はすべて異なり，かつ，0 ではない．なぜなら，もし，$ia = ja$ だったとすると，a の逆元 a^{-1} を両辺に右から掛けると，$iaa^{-1} = jaa^{-1}$ となり，$i = j$ となるからである．

したがって，$a, 2a, 3a, \cdots, (p-1)a$ は $1, 2, 3, \cdots, p-1$ を並べ替えたものになるので，これらの数をすべて掛け合わせれば，$1, 2, 3, \cdots, p-1$ の積と等しくなる．すなわち，

$$a^{p-1}(p-1)! \equiv (p-1)! \pmod{p}$$

が成り立つ．

しかし，$(p-1)!$ は素数 p では割り切れないから，

$$a^{p-1} \equiv 1 \pmod{p}$$

である． (証明終)

フェルマーの「小定理」という名称は，1994 年にプリンストン大学のワイルズ教授が証明した，「大定理」（フェルマー予想）と対比する際に用いられる用語である．この大定理とは異なり，小定理は古くからその証明が知られていた定理ではあるが，重要でない定理というわけではなく，次節で紹介する RSA 公開鍵暗号の設計においても本質的な役割を果たしている．

> **例題 4.4** $p = 3, a = 8$ のとき，フェルマーの小定理（定理 4.4）が成り立つことを確認せよ．
>
> **解答** $p = 3$ は素数であり，3 と 8 は互いに素である．このとき，確かに
>
> $$a^{p-1} = 8^2 = 64 \equiv 1 \pmod{3}$$
>
> が成り立つ．

4.3 有限体

コラム 公開鍵暗号と電子署名

(68 ページのコラム「暗号の歴史」からの続き) 使い捨てパッド方式では，一度，暗号化に使用したパッドのページは破って捨てることになっているので，盗聴者は，パッドを盗まない限り暗号を解読できない．その意味で，この方式は非常に安全ではあるが，インターネット時代にはそぐわない面がある．そのため，現在では公開鍵暗号方式が広く使われるようになってきた．例えば，ネットショッピングをする際に，自分のクレジットカード番号を送ろうと思った途端，画面上に，「来週，当社の者が暗号化に使用するパッドをお届けに上がりますので，それまでお待ちください」という表示が出るようでは，面倒でネットショッピングは機能しないであろう．人類はその歴史のほとんどの期間において，暗号通信のためには，パッドのような秘密の鍵を共有しなければならないと信じできたが，公開鍵暗号という概念が発明され，その固定観念が大きく変化した．本文でも述べた通り，公開鍵暗号方式では，公開鍵の方は広く世界に向けて公開するが，秘密鍵の方は自分だけの秘密にしておく．自分用の公開鍵で暗号化された暗号文は，自分の秘密鍵でのみ解読することができる．このようにすることで，使い捨てパッドのような秘密鍵を事前に共有することなしに，不特定多数の人と暗号通信が行えるようになった．

この公開鍵暗号方式は，暗号通信ばかりでなく，電子署名というものを可能にしたことで，大きな波及効果をもたらした．ある手紙を書いたのが，まぎれもなく自分であることを証明するには，欧米では直筆のサインをするし，日本では押印するのが普通であろう．しかし，電子メイルの場合には，サインや印影の画像データを付与しても，それでは本人であることの証明にはならない．電子メイルに署名をするには，どのようにしたらよいであろうか？ そのことへのひとつの回答を与えたのが，公開鍵暗号方式だった．公開鍵暗号方式に基づく電子署名の基本原理は以下の通りである．まず，A 氏しか知らない秘密鍵を適用する形で暗号文を作成し，A 氏から関係者に送付する．すると，その暗号文は，A 氏の公開鍵で解読できるので，その暗号文を受け取った人は，誰でも解読して読むことができる．しかも，そのような暗号文を作成できるのは，公開鍵に対応する秘密鍵を知っている A 氏以外にあり得ないので，そのことによって，その暗号文を作成したのが A 氏本人であることが証明できるのである．

○

4.4 RSA公開鍵暗号

古来，人類は安全な秘密通信を行うために，種々の暗号を考案し利用してきた．その暗号研究の歴史の中で，長い間，支配的だった考え方は，安全な暗号通信を行うためには，暗号文の送信者と受信者が秘密の鍵を共有しなければならないというものだった．人類のその既成概念を根底から覆したのが，1977年に，当時 MIT の研究者だったリベスト（Rivest），シャミア（Shamir）とエーデルマン（Adleman）が共同で提案した **RSA 公開鍵暗号**（RSA public-key cryptosystem）（3人の頭文字から命名）である．以下では，この公開鍵暗号の仕組みについて概説する．

RSA 公開鍵暗号方式においては，まず，暗号の受信者 Alice が，十分大きな 2 個の素数 p, q を選び，その積

$$n = p \times q$$

と，ある整数 e とを公開鍵として公開する．

次に，Alice に暗号文を送りたい送信者の Bob は，平文（送りたい秘密のメッセージ）を適当な方法で符号化して，整数 m に変換する．さらに，Bob は，m を e 乗した数を n で割った余り

$$c \equiv m^e \pmod{n}$$

を，暗号文として Alice に送る．

この暗号文を受け取った Alice は，e に対するある種の逆演算を表す整数 d を秘密鍵として保持しているので，以下のように計算して，平文 m を得ることができる．

$$m \equiv c^d \pmod{n}$$

以上のような，一対の整数 e と d の組が存在することは後述する．なお，n の素因数 p, q も，それがわかると d が計算できるので，これらも秘密鍵である．盗聴者 Eve は，公開鍵 n を得ることはできるが，n から p, q を求める問題は因数分解問題であり，この問題は現在のコンピュータで解こうとしても，計算時間が爆発すると強く予想されている．そのことが，RSA 公開鍵暗号の安全性の拠り所になっているのである（図 4.1 参照）．

4.4 RSA 公開鍵暗号

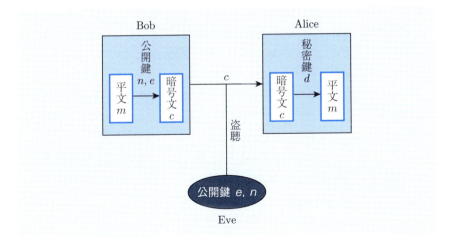

図 4.1 RSA 公開鍵暗号の枠組み

例 4.4 RSA 公開鍵暗号による暗号通信の簡単な例を紹介する.
(1) Alice の公開鍵を $n = 55$ $(= 5 \times 11), e = 3$ とし,広く世間に公表する.
(2) Alice の秘密鍵を $p = 5, q = 11, d = 7$ とし,これらは Alice が秘密に保持しておく.
(3) Bob が Alice に送りたい平文は $m = 4$ と符号化されたとする.

このとき,Bob は,

$$4^3 \equiv 9 \pmod{55}$$

という計算により,9 を暗号文として Alice に送る.すると,受信者の Alice は,

$$9^7 \equiv 4 \pmod{55}$$

という計算により,平文 4 が復号できる. ○

RSA 公開鍵暗号では，公開鍵 e に対する，秘密鍵 d の計算法が重要になるが，本章で解説した知識に基づいて，以下のように述べることができる．ここで，注意すべきことは，n の素因数 p, q が本質的に重要なので，p, q も d とともに一組の秘密鍵としなければならない点である．

まず，素数 p, q の選び方に注意を要する．通常，1 桁くらい大きさの違う素数の組を選ぶ．このとき，$p-1$ と $q-1$ は共に偶数となるが，両者の公約数は 2 だけであることが望ましい．

整数 e は，$p-1$ とも $q-1$ とも互いに素でなければならない．そのような e は，ランダムに生成した e の候補に対して，ユークリッドの互除法で $p-1$，$q-1$ との最大公約数を計算して，不適当なら選び直すといった方法によって求めることができる．

a が p でも q でも割り切れなければ，フェルマーの小定理（定理 4.4）により，
$$a^{p-1} \equiv 1 \pmod{p}, \quad a^{q-1} \equiv 1 \pmod{q}$$
となるから，$p-1$ と $q-1$ の最小公倍数を c とすれば，
$$a^c \equiv 1 \pmod{p, q}$$
となり，以下の式が成り立つ．
$$a^c \equiv 1 \pmod{n}$$
このとき，$p-1$ と $q-1$ の公約数が 2 だけならば，$c = \dfrac{(p-1)(q-1)}{2}$ となる．$p-1$ と $q-1$ は，それぞれ e と互いに素であったから，c も e と互いに素になる．c に対する e の逆数は，4.3 節で説明したように，ユークリッドの互除法によって計算できる．

すなわち，定理 4.3 の $mu + nv = 1$ という関係式より，
$$ed + cv = 1$$
を満たすある整数 d, v が存在することがわかる．ここで，正整数 k に対して $k = -v$ と取れば，$ed = -cv + 1 = kc + 1$ と書ける．また，$a^c \equiv 1 \pmod{n}$ なので，
$$a^{ed} = a^{kc+1} = a \times (a^c)^k \equiv a \pmod{n}$$
となる．以上より，暗号文 a^e は，d 乗して a に復号できることがわかる．

● 演習問題

☐ **4.1** 2より大きい任意の偶数は，必ず，2つの素数の和として表せると予想されている（ゴールドバッハ予想と呼ばれる）．このことが20までの偶数について成り立つことを確かめよ．

☐ **4.2** 和が54で，最大公約数が6であるような2つの自然数を求めよ．

☐ **4.3** 最大公約数が29，最小公倍数が4147であるような2つの3桁の自然数を求めよ．

☐ **4.4** $ac \equiv bc \pmod{m}$ で，m と c が互いに素であれば，$a \equiv b \pmod{m}$ であることを証明せよ．

☐ **4.5** 奇数の平方（2乗）は8で割ると1余ることを証明せよ．

☐ **4.6** 連続する3つの奇数の平方の和に1を加えると，12で割り切れるが24では割り切れないことを証明せよ．

☐ **4.7**♯ n を整数とするとき，n を6で割った余りと，n^3 を6で割った余りは等しいことを証明せよ．

☐ **4.8**♯ 5で割ると2または3が余る数は，完全平方数（ある整数の平方となる数）ではないことを示せ．

☐ **4.9**◆ n を整数とするとき，$n^5 - n$ は30の倍数であることを示せ．

☐ **4.10**◆ $x^4 + 4$ が素数となるような整数 x が存在することを示せ．

第5章 グラフ

　本章では，グラフ理論の基礎について解説する．具体的には，グラフに関する諸概念について説明した後に，グラフの連結成分を求めるための手法として，グラフに対する幅優先探索のアルゴリズムを述べる．近年，複雑ネットワーク解析と呼ばれる手法が急速に発展しており，インターネットをグラフとして表現し，その上における情報の拡散の解析などに応用されている．本章では，複雑ネットワーク解析などの基礎として重要なグラフ理論の基本的事項に焦点を当てて解説する．

グラフの定義
パスと連結性
グラフの探索
連結成分

5.1 グラフの定義

グラフ G は，**頂点**（vertex）の集合 V と，2頂点を結ぶ**辺**（edge）の集合 E からなる．各辺 $e \in E$ は，V の2つの頂点を含む部分集合として定義され，一般に，2つの頂点 $u, v \in V$ に対して $e = \{u, v\}$ と表される．グラフ内に辺 $e = \{u, v\}$ が存在するとき，2頂点 u と v は**隣接する**（adjacent）という．各辺の向きが指定されていないグラフを**無向グラフ**（undirected graph）というが，特に断らない限り，グラフは無向グラフを意味するものとする．

一方，**有向グラフ**（directed graph）G は，頂点の集合 V と向きが指定されている有向辺の集合 E からなり，各辺 $e \in E$ は順序対 (u, v) として定義される．u を e の**始点**（initial node），v を e の**終点**（terminal node）といい，辺 e は，頂点 u から v へ向かうものとする．

例 5.1 (1) 友人関係は無向グラフを用いて表現できる．その場合，グラフの各頂点は人に対応し，頂点 x に対応する人と，頂点 y に対応する人が友人であるときに，頂点 x と頂点 y を辺で結ぶ．本章では，友人関係をこのような無向グラフで表現することとする．例えば，図 5.1 (a) のグラフでは，1 は 2, 5 と友人だが，3, 4, 6 とは直接の友人ではないことが表現されている．

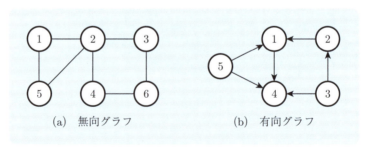

(a) 無向グラフ　　　　(b) 有向グラフ

図 5.1　無向グラフと有向グラフ

(2) **情報ネットワーク**　World Wide Web は，以下のような条件を満たす有向グラフ G とみることができる：各 Web ページが G の頂点に対応し，2つの頂点 x, y に対応する Web ページの間に，x から y に向かうリンクが張られているとき，かつ，そのときに限り，頂点 x から頂点 y に向かう辺が G 内に存在する．このようなグラフに

おいては，辺の向きが非常に重要である．例えば，人気のあるサイトには多数のリンクが集まるが，人気のないサイトには多くのリンクは集まらないからである．　　○

　始点と終点が等しい辺を**ループ** (loop) という（図 5.2 (a)）．また，2 頂点間に複数の辺があるとき，これらの辺を**多重辺** (multiple edge) という（図 5.2 (b)）．ループも多重辺も含まないグラフのことを**単純グラフ** (simple graph) という．

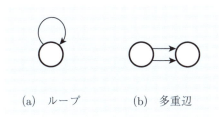

(a)　ループ　　　(b)　多重辺

図 5.2　グラフのループと多重辺

　一般に，n 個の頂点と，m 本の辺からなるグラフにおいては，頂点集合 V と辺集合 E は，それぞれ

$$V = \{v_1, v_2, \cdots, v_n\},$$
$$E = \{e_1, e_2, \cdots, e_m\}$$

と表現される．

例 5.2　図 5.1 (a) の無向グラフにおいては，頂点集合は，
$$V = \{1, 2, 3, 4, 5, 6\}$$
であり，辺集合は以下の E である．
$$E = \{e_1, e_2, e_3, e_4, e_5, e_6, e_7\}$$
$$= \{\{1,2\}, \{2,3\}, \{1,5\}, \{2,5\}, \{2,4\}, \{3,6\}, \{4,6\}\}$$

同様に，図 5.1 (b) の有向グラフにおいては，頂点集合は，
$$V = \{1, 2, 3, 4, 5\}$$
であり，辺集合は以下の E である．
$$E = \{e_1, e_2, e_3, e_4, e_5, e_6\}$$
$$= \{(1,4), (2,1), (3,2), (3,4), (5,1), (5,4)\}$$
　　○

無向グラフまたは有向グラフ内の頂点 v の**次数**（degree）とは，その頂点に接続している辺の本数のことである．さらに，有向グラフの場合には，頂点 v の**入次数**（indegree）と**出次数**（outdegree）という概念がある．前者は v を終点とする辺の総数であり，後者は v を始点とする辺の総数である．図 5.1 (b) の有向グラフの頂点 1 は，次数が 3，入次数が 2，出次数が 1 である．頂点 v の次数を $\deg(v)$ で表す．$\deg(v) = 0$ であるとき，頂点 v はグラフ内で**孤立**（isolated）しているといわれる．

> **例題 5.1** $G = (V, E)$ を（無向または有向）グラフとし，頂点集合を $V = \{v_1, v_2, \cdots, v_n\}$ と表すとき，以下の関係式が成り立つことを証明せよ．
> $$2|E| = \sum_{i=1}^{n} \deg(v_i)$$
> **解答** グラフ G の各辺は 2 つの頂点を結ぶので，G 内のすべての頂点の次数の合計（右辺の値）を求めると，各辺を 2 回ずつ数えることになる．したがって，すべての頂点の次数の合計は，上式の左辺と等しくなる．

完全グラフ（complete graph）とは，任意の 2 頂点間に必ず辺が存在するような，閉路を持たない単純な無向グラフのことをいう．図 5.3 に，頂点数が 3, 4, 5 の場合の完全グラフを示す．頂点数が n の完全グラフにおいては，各頂点が他の $n-1$ 個のすべての頂点と辺で結ばれているので，すべての頂点の次数は $n-1$ である．例えば，図 5.3 (c) の頂点数 5 の完全グラフにおいては，すべての頂点の次数が 4 となっている．

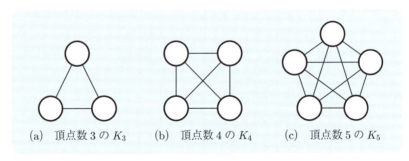

図 5.3 完全グラフ K_3, K_4, K_5

5.2 パスと連結性

グラフ内の辺で結ばれた頂点をたどっていくことは，グラフにおける基本的操作の一つである．ユーザがハイパーリンクをたどって Web ページを渡り歩くことや，新刊本の評判が口コミで噂として広がっていくことなどが，その具体例として挙げられる．

無向グラフ $G = (V, E)$ において，頂点 $v_1, v_2, \cdots, v_{k-1}, v_k$ からなる列 P に対して，連続する頂点列 v_i, v_{i+1} が G の辺で結ばれているとき，P を G のパス（path）という．パス内のすべての頂点が異なるとき，そのパスは単純（simple）であるという．パス $v_1, v_2, \cdots, v_{k-1}, v_k$ $(k > 2)$ において，最初の $k-1$ 個の頂点はすべて異なり，かつ，$v_1 = v_k$ であるとき，このようなパスを閉路（cycle）という．有向グラフにおける有向パス（directed path）と有向閉路（directed cycle）は，上の定義の連続する各頂点対 v_i, v_{i+1} において，(v_i, v_{i+1}) が有向辺であると修正することで定義される．

無向グラフ G は，G 内の任意の 2 頂点 u と v に対して，u から v へのパスが存在するとき連結（connected）であるという．連結でないグラフを非連結グラフ（disconnected graph）と呼ぶ．有向グラフは，どの 2 頂点 u と v に対しても，u から v へのパスと，v から u へのパスが両方存在するとき，強連結（strongly connected）であるという．（任意の 2 頂点間に片方向のパスしか存在しないときは弱連結（weakly connected）であるという．）また，2 頂点 u, v に対して，u から v へのパスに含まれる辺の最小数を，u と v の間の距離（distance）と定義する．

連結で閉路を含まない無向グラフのことを木（tree）と呼ぶ．図 5.4 に木の具体例を示す．木は最も単純な連結グラフであり，どの 1 本の辺を取り除いても連結でなくなる．

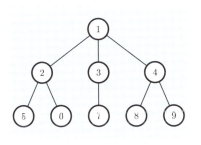

図 5.4　根付き木

1つの特別な頂点 r が，**根**（root）に指定されている木 T を**根付き木**（rooted tree）という．その際，T の各辺は r から離れる方向に向き付けされるものとする．さらに，各頂点 v に対し，根 r から v へのパス上で v の1つ前の頂点 u は v の**親**（parent）であるといい，逆に，v は u の**子**（child）であるという．また，v が根から w へのパス上にあるとき，w は v の**子孫**（descendant）であり，v は w の**祖先**（ancestor）であるという．子を持たない頂点は**葉**（leaf）と呼ばれ，葉以外の木の頂点は**内部頂点**（internal vertex）と呼ばれる．

例えば，図 5.4 の木は，頂点 1 を根とする根付き木になっている．この木においては，頂点 1 の子は頂点 2, 3, 4 であり，逆に，頂点 2, 3, 4 の親は頂点 1 である．頂点 2 から 9 はすべて頂点 1 の子孫であり，逆に，頂点 1 は頂点 2 から 9 のすべての祖先である．また，頂点 5 から 9 は葉であり，頂点 1 から 4 は内部頂点である．

オイラー閉路 グラフ $G = (V, E)$ 内のパスは，E に含まれるすべての辺を，ちょうど1回ずつ通過しているときに，**オイラー路**（Eulerian path）であるという．オイラー路は，グラフの一筆書きに対応したパスである．オイラー路が閉路である場合を，**オイラー閉路**（Eulerian circuit）という．

オイラー閉路の存在に関しては，以下の定理が知られている．

● **定理 5.1** ●
連結無向グラフ G がオイラー閉路を持つ必要十分条件は，G 内に次数が奇数の頂点が存在しないことである．

ここでは，上の定理の証明は述べないが，例えば，図 5.5 (a) のグラフは，各頂点の次数が左上から時計回りに 2, 2, 2, 2 なので，オイラー閉路を持つ．一方，図 5.5 (b) のグラフは，各頂点の次数が左上から時計回りに 3, 2, 3, 2 なので，オイラー閉路を持たないことがわかる．ただし，図 5.5 (b) のグラフはオイラー路を持つことに注意する．

ハミルトン閉路 一方，グラフ $G = (V, E)$ 内のパスは，V に含まれるすべての頂点を，ちょうど1回ずつ通過しているときに，**ハミルトン路**（Hamiltonian path）であるいう．ハミルトン路が閉路である場合を，**ハミルトン閉路**（Hamiltonian circuit）という．

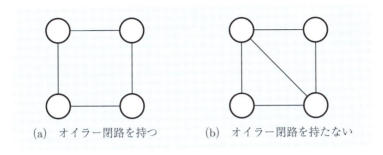

(a) オイラー閉路を持つ　　(b) オイラー閉路を持たない

図 5.5　オイラー閉路を持つグラフと持たないグラフ

オイラー閉路とハミルトン閉路は，似たような概念にも見えるが，与えられたグラフがオイラー閉路を含むか否かは，定理 5.1 より，G 内のすべての頂点の次数の奇偶を確認するだけで簡単に決定できる．しかし，グラフがハミルトン閉路を含むか否かの判定は，非常に難しい問題であることが知られている．実際，ハミルトン閉路問題は，本書の第 7 章で述べる NP 完全問題の一つであることが知られている．

ハミルトン閉路については，以下のような性質が知られている．

例題 5.2　すべての完全グラフは，ハミルトン路を含んでいることを証明せよ．

解答　G を完全グラフとする．G 内の頂点 v を 1 つ任意に選び，v から出発して，v と辺で結ばれている頂点の中から，まだ訪れていない頂点を探して順番に訪れていく．この訪問の過程に対応したパスが，G 内の頂点をちょうど 1 回ずつ通過するのでハミルトン路となる．

このパスに構成過程において，途中の頂点 u において，まだ訪れていない頂点に進めなくなることは起こらないのだろうか？　そのようなことが起こらないことは，以下の考察からわかる．もし，まだパス上に現れていない頂点 w が G 内に存在すれば，G が完全グラフであることから，u から w に向かう辺が必ず存在するので，その辺 (u, v) を通って，u から w に進むことができる．したがって，パスを構成する上記のプロセスが終了するのは，G 内のすべての頂点がパス上に現れたときであり，そのようなパスはハミルトン路になっている．

5.3 グラフの探索

グラフ $G = (V, E)$ と，G 内の 2 頂点 s, t が与えられたときに，G 内に s から t へのパスが存在するか否かを問う問題を **s-t 連結性**（s-t connectivity）と呼ぶ．本節では，この問題を効率的に解くアルゴリズム（問題解決手順）について説明する．

s-t 連結性を判定するアルゴリズムとして，以下の**幅優先探索**（breadth-first search）がよく知られている．幅優先探索では，s から辺をすべてたどり，各時点でたどり着いた頂点をすべて 1 つの**層**（layer）にまとめていく．

> (1) s から出発し，s と辺で結ばれているすべての頂点を集めて第 1 層 L_1 を形成する．
>
> (2) 次に，第 1 層に含まれる頂点と辺で結ばれている新しい頂点をすべて集めて第 2 層 L_2 を形成する．
>
> (3) 以下，(2) のような処理を，まだ訪れていない頂点が見つからなくなるまで繰り返す．

図 5.6 のグラフに対し，頂点 1 を出発頂点 s とする幅優先探索を考えよう．この場合，第 1 層 L_1 は頂点 2, 3 からなり，第 2 層 L_2 は頂点 4, 5, 7 からなる．さらに，第 3 層 L_3 は頂点 6 のみからなる．この時点で，新しく加えることのできる頂点が無くなるので，幅優先探索は終了する．なお，頂点 8, 9 は，この探索では到達できないことに注意する．

2 頂点間の**距離**とは，それらの頂点を結ぶパスのうちで，辺数が最小のパスに含まれる辺の数のことであった．したがって，層 L_1 は s からの距離が 1 であるような頂点の集合である．一般に，層 L_k は s からの距離が k であるような頂点の集合になっている．ある頂点がどの層にも属さないとき，かつ，そのときに限り，s からその頂点へのパスは存在しない．したがって，幅優先探索アルゴリズムは，s から到達可能な頂点の集合を求めるばかりでなく，それらの頂点への s からの最短パスも同時に求めていることがわかる．

5.3 グラフの探索

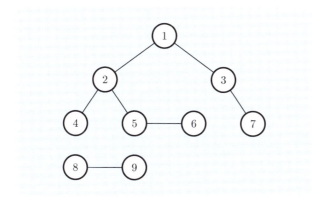

図 5.6 幅優先探索

幅優先探索において, s から到達できる頂点の集合は, s を根とする木 T によって表現することができる. ある層 L_k に属する頂点 u から出る辺によって結ばれている頂点を調べている最中に, まだ訪れていない頂点 v に向かう辺を発見したら, その時点で辺 (u,v) を木 T に加える. すなわち, 頂点 u を頂点 v の親にする. このようにして構成された木を**幅優先探索木**（breadth-first search tree）という.

コラム 複雑ネットワーク解析

最近, インターネットなどの現実世界に存在する巨大ネットワークの性質について研究する学問分野として, 複雑ネットワーク解析が注目を集めている. 現実世界に存在する巨大ネットワークは, 複雑かつ多様な構造を持つが, ある共通の性質も併せ持っている. 例えば, 一部の人たちには非常に多くの知人がいるが, 大多数の人々は知人数が少ないという性質は, スケールフリー性と呼ばれている. また, 一見, 赤の他人に見える人も, 実際には少数の人を間に介するだけでつながっていたという性質は, スモールワールド性と呼ばれている. さらに, 自分とある知人との間に, 共通の知人が1人もいないという状況ははとんど起こり得ないという性質は, クラスター性と呼ばれている. 従来, こうした社会的なネットワークの性質は社会学において研究されてきたが, 1998年に発表されたワッツ・ストロガッツモデルという数学的モデルが応用される形で, インターネット, 論文の引用関係や, 食物連鎖といったネットワークにおいても共通の性質が次々に発見されている. ○

例 5.3 図 5.6 のグラフに対して，頂点 1 を根とする幅優先探索木 T が構成されていく様子を図 5.7 に示す．この木を生成する幅優先探索アルゴリズムの実行過程は，以下の通りである．

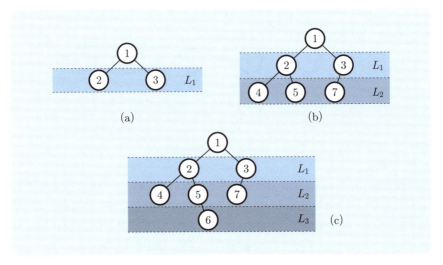

図 5.7　幅優先探索木

(1) 頂点 1 から探索を開始する．頂点集合 $\{2, 3\}$ が層 L_1 になる（図 5.7 (a)）．
(2) 層 L_1 に含まれる頂点を順番に調べていき，層 L_2 を構成する．具体的には，最初に，頂点 2 から出る辺を調べているときに頂点 4, 5 が発見されるので，2 がそれらの頂点の親になる．頂点 2 からの辺を調べているときに，頂点 1 への辺も発見されるが，頂点 1 はすでに処理済みなので T には加えられない．次に，頂点 3 からの辺を調べているときに頂点 7 への辺が発見されるので，3 が 7 の親になる（図 5.7 (b)）．
(3) 層 L_2 に属するすべての頂点からの辺を順番に調べていく．L_2 のすべての頂点について調べた結果，発見される新しい頂点は 5 と辺でつながった 6 のみであり，その 6 が層 L_3 に加えられる（図 5.7 (c)）．
(4) 頂点 6 からの辺を調べても新しい頂点は発見されないので，層 L_4 には何も加えられない．ここで，アルゴリズムは終了する．

○

5.4 連結成分

幅優先探索アルゴリズムで発見される頂点の集合 C は，頂点 s から到達可能な頂点の集合であった．この集合 C のことを s を含む G の **連結成分**（connected component）という．s を含む G の連結成分が得られれば，t がこれに属するかどうかを確認するだけで，s-t 連結問題を解くことができる．

その際，重要となる s から到達可能な頂点集合 C は，以下のアルゴリズムで求めることができる．

(1) 最初に，$C = \{s\}$ と設定する．
(2) $u \in C$ かつ $v \notin C$ であるような辺 (u, v) が発見される間は，頂点 v を C に加えていく．

もし，s から u へのパス P が存在すれば，s から v へのパスは最初 P に沿って進み，その後，辺 (u, v) をたどるものとなる．上のアルゴリズムでは，C に属する頂点から出る辺を順番に調べていき，調べるべき辺がなくなるまで集合 C を拡大し続けている．

> **例題 5.3** 上記のアルゴリズムが終了した時点で得られる集合 C は，s を含むグラフ G の連結成分であることを証明せよ．
>
> **解答** C に属する任意の頂点 v に対しては，s から v へのパスが存在するはずである．そこで，頂点 $x \notin C$ に対し，G 内に s-x パス P が存在したと仮定して矛盾を導き，上の命題を背理法で証明する．
>
> $s \in C$ かつ $x \notin C$ なので，C に属さない頂点が P 内に存在する．そのような最初の頂点を v とする．すると，P 内には v の直前の頂点が存在するので，その頂点を u とおくと，(u, v) は G 内の辺になる．v は C に属さない P の最初の頂点なので，$u \in C$ となる．したがって，(u, v) は $u \in C$ かつ $v \notin C$ を満たす辺である．この条件を満たす頂点 v が C に含まれていないのは，上記アルゴリズムの終了条件に反しており，矛盾である．よって，題意は示された．

本章で述べたアルゴリズムの応用として，以下のような複雑ネットワーク解析が考えられる．

例 5.4 (1) 友人であるという関係を有向グラフ G で表現し，世界中の人々の交友関係を図式化することを考えてみよう．この場合，現在，地球上に住んでいる各人が G の 1 つの頂点に対応し，全人類に対応する頂点集合が V となる．また，x と y が友人であるときに，頂点 x と y を結ぶ辺が存在するものとする．すなわち，G は全世界のソーシャルネットワークを表現している．このとき，自分から出発して，友人へのパスを経由し，友人のそのまた友人へとパスはつながっていくが，そのパスが実際にはかなり短いことが実験的に示されている．例えば，他国で育った友人 x がいれば，

(i) x を経由して，
(ii) x のその国の友人 y とも G 内のパスで結ばれ，
(iii) さらに，y の友人ともパスで結ばれていく．

この 3 ステップだけでも，世界中の異なる地域に住む，見知らぬ人々とパスで結ばれていく．このような現象を**スモールワールド現象**（small world phenomenon）と呼ぶ．すなわち，自分から友人を経由して，他の誰にでも，短いパスで到達できることから，世界が小さく見えるという考え方である．この現象は **6 次の隔たり**（6 degrees of separation）とも呼ばれている．地球上の誰もが，間に他の 6 人が入るだけで，どんな人にでもたどり着けるという考え方である．このことが，実際に成り立っていることを示す実験結果が，複数の研究者によって示されている．

(2) 上述の全世界のソーシャルネットワークを表現するグラフ G においては，自分から友人へのパスを経由して世界の人口のかなりの割合の人に，友人関係のパスでつながっていることも実験的に示されている．このグラフ G は，連結グラフではない．当然，世界中には，自分と友人関係で結ばれていない人も，多数存在している．しかし，G 内には，ある種の広範な友人関係に対応する巨大連結成分が存在しており，世界中の多くの国と地域の人々を含み，世界の人口のかなりの割合を含む連結成分となっている場合がある．実際にこのような巨大連結成分が存在する分野があることが，実験的に確かめられている． ◯

演習問題

☐ **5.1** 図 5.4 のグラフを，各辺に上から下への向きが付いた有向グラフとするときに，頂点集合 V と辺集合 E を記述せよ．

☐ **5.2** 図 5.6 に示した無向グラフの，頂点集合 V と辺集合 E を記述せよ．

☐ **5.3** パーティ会場では，各自，いろいろな人と握手をかわすが，出席者が何人であっても，奇数回握手した人の人数は必ず偶数となる．その理由を述べよ．

☐ **5.4** あるパーティに 67 人が参加した．このパーティの参加者の中には，偶数回握手をした人が必ず存在することを示せ．

☐ **5.5** 奇数個の頂点からなるグラフ G では，奇頂点（次数が奇数の頂点）の個数は偶数で，偶頂点（次数が偶数の頂点）の個数は奇数であることを証明せよ．

☐ **5.6** n 個の部屋に $n+1$ 人以上の人を入れようとすれば，2 人以上が入る部屋が必ずできることを証明せよ．

☐ **5.7** サークルの部員が何人であっても，そのサークル内に友人の人数が等しい 2 人が必ず存在することを証明せよ．ただし，a が b の友人ならば，必ず，b は a の友人であるものとする．また，友人が 1 人もいない人は，このサークルにはいないものとする．

☐ **5.8** グラフにおいては，次数の等しい 2 頂点が必ず存在することを証明せよ．

☐ **5.9** T が木であるとき，すなわち T が連結で閉路を含まないグラフであるときを考える．このとき T に 1 本の辺を付け加えると，ちょうど 1 個の閉路ができることを証明せよ．

☐ **5.10** グラフ G において，どの 2 頂点も，ちょうど 1 本のパスで結ばれているならば，G は木であることを証明せよ．

第6章

アルゴリズム

　情報工学分野においては，アルゴリズムは非常に重要な概念である．数学において定理の証明が重要なように，アルゴリズムは問題の解法手順を厳密に記述したものであるので，ある問題の解法アルゴリズムを適当なプログラミング言語でプログラム化すれば，その問題を解決するためのソフトウェアを得ることができる．

　本章では，計算の手順を表現するアルゴリズムの概念を説明し，その考え方に慣れ親しんでいただく．

| アルゴリズム
| べき乗の計算
| ユークリッドの互除法
| クリーク問題

6.1 アルゴリズム

問題の解法手続きのうち，以下の条件を満足するものを**アルゴリズム**（algorithm）と呼ぶ．

> (1) 有限個の実行可能な機械的操作が書き並べられている．
> (2) 各機械的操作の実行順序が明確に指定されている．
> (3) 手続き全体の実行が必ず有限ステップで終了する．

ここで，機械的操作とは，例えば加減乗除演算のようなコンピュータの基本命令になっている操作や，「2つの自然数の最大公約数を求める」というような，すでに効率良く実行できることがわかっている操作のことを指している．したがって，例えば，「友人になんとか頼み込んで手伝ってもらう」というような機械的には行えない操作は，アルゴリズムの記述には用いることができない．

ここで注意を要することは，機械的操作の有限長の記述であっても，無限ループとなるような操作を記述している場合があり，そのような場合には，その実行が有限ステップで終了するとは限らないということである．

6.1 アルゴリズム

例題 6.1 以下の手続きはアルゴリズムか？ 理由と共に答えよ．

1. 変数 x の値を 0 に設定する．
2. x の値が 0 以上の間は 3 行目の処理を繰り返す．
3. x の値を 1 増加させる．

解答 上の手続きは，実行すると必ず無限ループに陥る．したがって，この手続きは，上の条件 (3) を満たさないのでアルゴリズムではない．

実際，この手続きを実行すると，まず 1 行目で変数 x の値が 0 に設定される．次に，2 行目で x の値が 0 以上か否かが判定されるが，最初 x の値は 0 であるから，この判定結果は合格となり，3 行目の処理に進む．3 行目を実行すると，x の値が 1 増加するので，x の値は 1 になる．

処理はこれで終了ではない．2 行目には，「x の値が 0 以上の間は 3 行目の処理を繰り返す」と書いてあるので，再び，x の値が 0 以上か否かを判定し，3 行目の処理を行う必要があるかないかを決定しなければならない．今の場合は x の値は 1 であるから，この判定結果は再び合格となり，3 行目の処理に進むことになる．そして，3 行目を実行すると，x の値が 1 増加するので，x の値は 2 になる．以下同様にして，x の値は 1 ずつ増え続けるので，この処理は決して終了することのない無限ループである．

アルゴリズムの例 次に，簡単な素因数分解のアルゴリズムについて見てみよう．これは，1 以上 $\sqrt{N}$ 以下の各整数で N を割ってみるという，最も素朴な因数分解法である．例えば，25 の因数を発見したいとする．この場合には 1 以上 $\sqrt{25} = 5$ 以下の各整数で 25 を割ってみる．具体的には，1, 2, 3, 4, 5 の各整数で 25 を割ることになるが，このとき，もし 25 を割り切るものがあれば，それは 25 の約数ということになる．もちろん，今の場合には，5 で 25 は割り切れるから，5 が因数であることがわかるのである．

一般に，N の因数を発見するためには，1 以上 $\sqrt{N}$ 以下の各整数で N を割ればよい．その理由は，
$$(\sqrt{N})^2 = N$$
なので，N に約数が存在するならば，必ず 1 以上 $\sqrt{N}$ 以下の範囲に存在するからである．

以下のアルゴリズムは冗長であるため，その改善は演習問題としておく．また，このアルゴリズムの実行時間の解析については，次章で述べる．

アルゴリズム　Factoring1

　目的：整数 N の非自明な因数を求める．
　入力：1 より大きな整数 N．
　出力：N の非自明な因数（もしあれば）．

1　変数 x の値を 2 に設定する．
2　x の値が $\sqrt{N}$ 以下の間は 3〜4 行目の処理を繰り返す．
3　　N を x で割り切れたら x を出力して停止する．
4　　x に $x + 1$ の値を代入する．

6.2 べき乗の計算

本節では,実数 x と,1以上の整数 m が与えられたときに,x^m の値を計算するアルゴリズムについて考える.x^m の値を求める最も単純なアルゴリズムは,x を m 回掛け合わせることである.そのアルゴリズム Power1 を以下に示す.

アルゴリズム Power1

目的:x^m の値を求める.
入力:実数 x と,1以上の整数 m.
出力:$p = x^m$.

1. 変数 p に変数 x の値を代入する.
2. 変数 i に 1 を代入する.
3. i の値が m になるまで 4〜5 行目の処理を繰り返す.
4. p に $p \times x$ の値を代入する.
5. i に $i + 1$ の値を代入する.

例題 6.2 上のアルゴリズム Power1 によって,2^8 の値を計算する際の処理の流れを説明せよ.また,その際,アルゴリズム Power1 の 3 行目は何回実行されるか求めよ.

解答 $x = 2, m = 8$ に対して,Power1 の 1 行目を実行すると,p の値は 2 となる.次に,i を 2 から $m = 8$ まで変化させながら,$i = 2, 3, 4, \cdots, 8$ に対して,3 行目を実行していくので,3 行目の処理は 7 回実行される.$p = 2$ に対して,$x = 2$ が 7 回掛けられることになるので,最終的に p の値は $2^8 = 256$ となる.その様子を表 6.1 に示す.

表 6.1 Power1 による 2^8 の値の計算

i	1	2	3	4	5	6	7	8
p	2	4	8	16	32	64	128	256

このアルゴリズム Power1 は効率的だろうか？ 具体的には，このアルゴリズムの 7 行目で行われている乗算の回数を減らすことはできないだろうか？

ここではこの点を改良するアルゴリズムについて考えよう．次に示すアルゴリズム Power2 では，入力 m が 2^k（2 のべき乗）の場合には，乗算の回数を減らすことができる．m が一般の整数の場合のアルゴリズムの設計は，演習問題とする．

アルゴリズム Power2

目的：x^m の値を求める．
入力：実数 x と，整数 $m = 2^k$（k は非負整数）．
出力：$p = x^m$．

---

1. 変数 p に変数 x の値を代入する．
2. 変数 j に 1 を代入する．
3. j の値が m になるまで，4～5 行目の処理を繰り返す．
4. 　　p に $p \times p$ の値を代入する．
5. 　　j に $j \times 2$ の値を代入する．

例題 6.3 上のアルゴリズム Power2 で，2^8 を計算する際の処理の流れを説明せよ．また，その際，アルゴリズム Power2 の 4 行目の乗算は何回実行されるか求めよ．

解答 $x = 2, m = 8$ に対して，Power2 の 1 行目を実行すると，p の値は 2 となる．次に，3 行目以下の実行に移るが，最初は $j = 1$ なので，4～5 行目が実行され，$p \times p = 2 \times 2 = 4$ が p の新たな値となり，

$$j \times 2 = 1 \times 2 = 2$$

が j の新たな値となる．3 行目の記述から，j の値が $m = 8$ になるまで 4～5 行目が繰返し実行されるので，$p \times p = 4 \times 4 = 16$ が p の新たな値となり，

$$j \times 2 = 2 \times 2 = 4$$

が j の新たな値となる．いまだ，j の値は $m = 8$ より小さいので，再び，4～5 行目が繰返し実行され，$p \times p = 16 \times 16 = 256$ が p の新たな値となり，

$$j \times 2 = 4 \times 2 = 8$$

が j の新たな値となる.ここで,$j = m = 8$ となったので処理が終了する.

最終的に p の値は,$2^8 = 256$ となったが,Power2 の 4 行目の乗算は 3 回実行された.その様子を表 6.2 に示す.

表 6.2　Power2 による 2^8 の値の計算

j	1	2	4	8
p	2	4	16	256

上のアルゴリズム Power2 で,4 行目の乗算が 3 回実行されたが,これは j の値が 1 から 8 に変化するまでに,2 を 3 回掛け合わせる必要があったからである.つまり,$2^3 = 8$ だったからだが,この関係は対数を用いて $\log_2 8 = 3$ と表現することができる.よって,アルゴリズム Power2 は,整数

$$m = 2^k$$

が与えられたときに,4 行目の乗算を

$$\log_2 m = \log_2 2^k = k \text{ 回}$$

実行して,x^m の値を求めるアルゴリズムである.

6.3 ユークリッドの互除法

第4章でも紹介したが，アルゴリズムの具体例として，紀元前300年頃にギリシアで考案された，**ユークリッドの互除法**のアルゴリズムを再び見てみよう．ユークリッドの互除法は，2つの整数 a と b の最大公約数を求めるアルゴリズムである．以下では，一般性を失うことなく，$a \geq b$ であると仮定する．ユークリッドの互除法のアルゴリズムを以下に示す．

アルゴリズム Euclid
目的：2つの正整数の最大公約数を求める．
入力：正整数 a, b．ただし，$a \geq b > 0$ とする．
出力：a と b の最大公約数 n．

1 変数 x に a を代入する．
2 変数 y に b を代入する．
3 $y \neq 0$ である間は4~7行目の処理を繰り返す．
4 　x を y で割ったときの商を q とする．
5 　x を y で割ったときの余りを r とする．
6 　x に y の値を代入する．
7 　y に r の値を代入する．
8 n に x の値を代入する．

ユークリッドの互除法の実行例を見てみよう．

> **例題 6.4** 2つの整数 $a = 240, b = 144$ の最大公約数を，ユークリッドの互除法で求めよ．
>
> **解答** $a = 240, b = 144$ のとき，条件 $a \geq b$ は明らかに成り立っている．上のアルゴリズム Euclid の1行目と2行目が実行されると，変数 x と y の値はそれぞれ240と144に設定される．次に，3行目の判定が行われるが，今の場合は，$y = 144$ であり，確かに $y \neq 0$ が成り立つので，4~7行目のループの実行に進むことになる．4行目が実行されると，$q = 1$（240を144で割ったときの商）となる．引き続き5~7行目が実行され，$r = 96$（240を144で割ったとき

6.3 ユークリッドの互除法

の余り), $x = 144$, $y = 96$ となる.これで4〜7行目のループの実行がひと通り済んだので,再び,3行目の判定が行われる.$y = 96$ なので,今回も $y \neq 0$ が成り立ち,再度4〜7行目の実行に進む.以下同様にして処理は進む.その際の変数 x, y, q, r の値の変化を表6.3に示す.

表 6.3 Euclid による最大公約数の計算

4〜7行目の実行回数	x	y	q	r
1回目	240	144	1	96
2回目	144	96	1	48
3回目	96	48	2	0

3回目のループを抜けると $x = 48$, $y = 0$ になっている.したがって,3行目の $y \neq 0$ という条件はもはや成り立たず,4〜7行目のループは繰り返されない.よって,8行目に進み,n に x の値が代入される.この時点における x の値は48だったから $n = 48$ となり,アルゴリズムの実行は終了する.

すなわち,2つの入力 $a = 240$ と $b = 144$ の最大公約数は,$n = 48$ と求まったわけである.

最後に,ユークリッドの互除法が,確かにアルゴリズムであることを確認しておこう.そのためには,任意の2つの正整数 a, b $(a \geq b > 0)$ が与えられたときに,ユークリッドの互除法が,$y = 0$ となって必ず停止することが確認できればよい.その停止性は証明すべきことだが,以下のラメの定理からただちに導かれるので,ユークリッドの互除法はアルゴリズムであることがわかる.

> **ラメの定理**(Lame's theorem) a と b の最大公約数をユークリッドの互除法で求めるとき,最悪の場合でも,a, b の小さい方の10進桁数を N とするとき,$5N$ 回の除算で求められる.

なお,ユークリッドの互除法を実行した際のステップ数については,次章で詳しく分析する.

6.4 クリーク問題

グラフ理論の問題の例として，**クリーク問題**（clique problem）を紹介しよう．ある組織の人間関係を，図 6.1 のようなグラフで表現することを考える．まず，その組織に属する各メンバーを点で表す．そして，メンバー x とメンバー y が知り合いであるときに，x に対応する点と y に対応する点を辺で結ぶ．

例えば，x, y, z, w の 4 人で構成される組織において，x と y，x と w，y と z，y と w がそれぞれ知り合いだった場合には，G_1 のようなグラフが得られる（図 6.1 (a) 参照）．

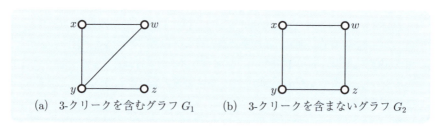

(a) 3-クリークを含むグラフ G_1　　(b) 3-クリークを含まないグラフ G_2

図 6.1 3-クリークを含むグラフと，含まないグラフ

さて，組織内のあるグループでは，そのメンバーがすべてお互いに知り合いだったとしよう．つまり，そのグループ内のどの 2 人のメンバーを選んでも，必ずその 2 人が知り合いであったとする．このようなグループを表すグラフを**クリーク**（clique）と呼ぶ．例えば，G_1 で考えれば，x, y, w の 3 人からなるグループは，1 つのクリークを形成している．

クリークは，**完全グラフ**によって表現される．完全グラフとは，その中のどの 2 頂点も必ず辺で結ばれているグラフのことをいうのであった．完全グラフは，頂点数を指定すれば，その形は一意的に定まる（第 5 章の図 5.3 参照）．

クリーク問題とは，以下のような問題である．

> **クリーク問題**　組織内の知り合い関係を表すグラフ G と，3 以上の整数 k が与えられたときに，その組織内に k 人のメンバーからなるクリークが存在するか否かを判定せよ．

6.4 クリーク問題

例えば，$k=3$ のときに，図 6.1 (a) のグラフが入力として与えられれば，クリーク問題の答はイエスだが，図 6.1 (b) のグラフが入力として与えられれば，答はノーである．クリーク問題のような，答がイエスまたはノーである問題を**判定問題**（decision problem）という．

クリーク問題を解くための簡単なアルゴリズムを以下に示す．

アルゴリズム　Clique

目的：クリーク問題を解く．
入力：グラフ G と 3 以上の正整数 k．ただし，$V=\{1,2,\cdots,n\}$ とする．
出力：Yes または No．

1. 変数 Answer の値を No に設定する．
2. G の頂点集合の部分集合で，要素数が k のすべてのものについて，以下の処理を行う：その部分集合に属するどの 2 つの頂点も，G 内で辺で結ばれていたら，Answer の値を Yes に設定し 3 行目に進む．
3. Answer の値を出力する．

例 6.1 例えば，図 6.1 (a) のグラフ G_1 と $k=3$ が，入力として与えられたとしよう．このとき，上のアルゴリズムの動作がどのようになるかを見てみよう．まず 1 行目で，変数 Answer の値が No に設定される．次に 2 行目で，G_1 の頂点集合 $\{x,y,z,w\}$ の，要素数が 3 のすべての部分集合に対して，2 行目に書かれた処理を行うことになる．今の場合，要素数 3 の部分集合としては，

$$\{x,y,w\},\quad \{x,y,z\},\quad \{x,z,w\},\quad \{y,z,w\}$$

がある．まず，$\{x,y,w\}$ について考えると，この部分集合に属するどの 2 つの頂点も辺で結ばれていることがわかる．実際，x と y，y と w，x と w はすべて辺で結ばれている．したがって，2 行目に書かれているように，Answer の値が Yes に設定されて 3 行目に進むことになる（残りの 3 つの部分集合については，2 行目の処理は行われない）．そして 3 行目が実行されると，Answer の値 Yes が出力される．すなわち，グラフ G_1 内には，頂点数 3 のクリークが存在すると判定された． ○

例題 6.5 グラフ G_2 と $k=3$ が，入力として与えられたときに，上のアルゴリズム Clique の動作を説明せよ．

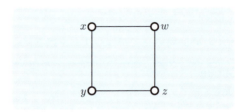

図 6.2 図 6.1 (b) のグラフ G_2

解答 前と同様に，まず，アルゴリズムの 1 行目で変数 Answer の値が No に設定される．

次に，頂点集合 $\{x,y,z,w\}$ の要素数が 3 の部分集合

$$\{x,y,w\}, \quad \{x,y,z\}, \quad \{x,z,w\}, \quad \{y,z,w\}$$

のそれぞれについて，それがクリークを形成しているか否かを調べていく．ところが，今回はこの 4 つの部分集合がどれもクリークを形成していないことがわかる．例えば，$\{x,y,w\}$ について考えると，x と y，x と w は辺で結ばれているが，y と w が辺で結ばれていない．他の部分集合も同様の理由により，クリークを形成していないことがわかる．したがって，4 つの部分集合すべてについての処理が終了した段階でも，Answer の値は変更されずに No のままであり，2 行目終了後に 3 行目が実行されると，この値 No が出力される．すなわち，グラフ G_2 内には，頂点数 3 のクリークは存在しないと判定された．

● 演習問題

☐ **6.1** x と y を 2 つの整数とする．ただし，x は非負整数であるとする．このとき，$x \times y$ を加算だけで行うアルゴリズムを文章で述べよ．さらに，そのアルゴリズムを用いて $x = 7, y = -2$ のときの $x \times y$ の値を求めよ．

☐ **6.2** 問題 6.1 において，整数 x と y の符号について何の条件もない場合に，$x \times y$ を加算だけで行うアルゴリズムを文章で述べよ．

☐ **6.3** 次のアルゴリズム Power3 を，$x = 3, m = 10$ に対して実行したときの処理の流れを文章で説明せよ．

アルゴリズム　Power3

目的：x^m の値を求める．
入力：実数 x と，1 以上の整数 m．
出力：$p = x^m$．

1　p に x の値を代入する．
2　k に 1 を代入する．
3　$2k > m$ になるまで，4～5 行目の処理を繰り返す．
4　　　p に $p \times p$ の値を代入する．
5　　　k に $k \times 2$ の値を代入する．
6　$k = m$ になるまで，7～8 行目の処理を繰り返す．
7　　　p に $p \times x$ の値を代入する．
8　　　k に $k + 1$ の値を代入する．

☐ **6.4** 問題 6.3 のアルゴリズム Power3 を用いて，べき乗の計算を行う．その際，$m = 17, 25, 32$ のとき，7 行目の乗算は，それぞれ何回実行されるか求めよ．

☐ **6.5**♯ Power3 の 7 行目の乗算において，$m = 2^k + l$ と表される場合を考える．ただし，$0 \leq l < 2^k$ とする．このとき，何回実行されるか k と l の式で答えよ．

☐ **6.6** 次のアルゴリズム Factoring2 を，$N = 51, 53$ に対して実行したときの処理の流れを，それぞれ文章で説明せよ．

アルゴリズム　Factoring2

　目的：1 より大きな奇数 N の非自明な因数を求める．
　入力：3 以上の奇数 N．
　出力：N の非自明な因数（もしあれば）．

1　変数 x の値を 3 に設定する．
2　x の値が $\sqrt{N}$ 以下の間は 3～4 行目の処理を繰り返す．
3　　N が x で割り切れたら x を出力して停止する．
4　　x に $x + 2$ の値を代入する．
5　「非自明な因数は無し」と出力して停止する．

☐ **6.7**　6.3 節で述べたユークリッドの互除法のアルゴリズム Euclid を用いて，422 と 2796 の最大公約数を求める処理の流れを説明せよ．

☐ **6.8**♯　ユークリッドの互除法のアルゴリズム Euclid において，$a < b$ だと，何が起こるか述べよ．

☐ **6.9**♯　ユークリッドの互除法のアルゴリズム Euclid において，a または b が 0 だと，何が起こるか述べよ．

☐ **6.10**　6.4 節のクリーク問題に対するアルゴリズム Clique を，$k = 3$, $k = 4$ のそれぞれの場合について，第 5 章 78 ページの図 5.1 (a) のグラフに対して適用したときの様子を，文章で説明せよ．

第7章

計算量

　本章では，計算の複雑さを表現する計算量の概念を紹介する．特に，アルゴリズムの実行時間を実在のコンピュータによる実測ではなく，数学的に定義された基本演算ステップを数える形で評価していく．このアプローチは，処理する問題のサイズが大きくなっていったときに，使用しているアルゴリズムがどのくらいの実行時間を必要とするかの目安を与えるので，実用上も非常に重要な概念である．さらに，計算量理論分野の最大の未解決問題である，P = NP？問題についても解説する．その関連で，NP完全問題の概念も紹介するが，ある問題がNP完全であることが示されれば，そのことは現在のコンピュータではその問題が効率良く解けないであろうことを強く示唆することとなる．なお，本章では，上記の内容を理解するために必要な，指数関数，対数関数，順列，組合せなどの概念も復習する．

> 計算時間の測り方
> 因数分解
> P = NP？問題
> NP完全性

7.1 計算時間の測り方

コンピュータに問題を解かせる際の計算時間は，どのようにして測ればよいのだろうか？　一口にコンピュータと言っても，パーソナルコンピュータからスーパーコンピュータに至るまで機種は千差万別である．各ユーザが，自分の使用しているコンピュータ上での計算時間を時計を使って測ったのでは，使用機種に依存した計算時間しか得られず，本質的に速いアルゴリズムを用いているか否かはわからない．

理論計算機科学の一分野である**計算量理論**（computational complexity theory）においては，計算時間を実際のコンピュータに依存しない形で定義している．その基本的な考え方は次の通りである．まずコンピュータの数学的モデル（**計算モデル**（computational model））M を定義し，そのモデルが実行可能な**基本操作**（primitive operation）の集合を定める（通常，このような計算モデルとしては，チューリング機械やランダムアクセス機械（RAM）などが採用される）．

そして，採用した計算モデルの各基本操作を 1 ステップと考えて，ある問題を解くために必要な**計算時間**（computation time）を，その問題を解くために M が必要とするステップ数として評価する．その際，解くべき問題 X とその解法手続き（**アルゴリズム**）A は固定して考えるが，アルゴリズム A が問題 X を解くのに要するステップ数は問題の**入力サイズ**（input size）の関数として表現する．

ここで，計算時間を入力サイズの関数として表現する理由を簡単に説明しておく．具体例として，与えられたいくつかの整数を小さなものから順に並べるソーティング問題を考えよう．

この問題は，例えば，試験の受験者を，その得点の高い者から順に並べた名簿を作る作業などにおいて解く必要が生じる．この場合，入力された整数の個数が数十個程度ならば人手でも簡単に解けるが，その個数が数千，数万になると大変な作業になる．一般に，我々は問題 X の入力サイズ n が増加したときに，使用しているアルゴリズム A の計算時間がどのように増えていくかに興味があるので，A の計算時間を n の関数として表現するわけである．そして，その関

数が値の小さなものであるほど，すなわち，入力サイズが増加しても計算時間があまり増えないときほど，アルゴリズム A の時間効率は良いと判断するのである．

ユークリッドの互除法 上で述べたように，アルゴリズムの実行時間は，入力データのサイズの関数として評価される．そのため，入力サイズをどのように測るかが問題となる．第 6 章 6.3 節で述べたユークリッドの互除法のアルゴリズム Euclid の場合，2 つの入力 a と b があるが，この場合の入力サイズは，どのように定めればよいのだろうか？ 実は，Euclid の正しさを，b のみに依存して議論できるので，b のみに基づいて Euclid の実行時間を評価することができる．

実際，Euclid の実行時間は，繰返し部分の 4～7 行目の文が何回繰り返されたかによって決まる．この部分は $y=0$ になるまで繰り返されるので，a と b の最大公約数が求まるまでに，4 行目の割り算が何回実行されるかがわかればよい．

もし，$b=0$ ならば，ただちに $y=0$ となるので，4 行目からの繰返し部分は 1 回も実行されない．それ以外の場合は，以下のようになる．

j 番目の繰返しにおける除数（割る数）を r_{j-1} とすると，次の除数 r_j には，以下の 2 つの可能性がある．すなわち，

- $r_j \leq \dfrac{r_{j-1}}{2}$ であるか，
- または，$r_j > \dfrac{r_{j-1}}{2}$ であるか

である．

$r_j > \dfrac{r_{j-1}}{2}$ の場合，その次のステップでは商は 1 となる．そして，余り r_{j+1} は r_{j-1} と r_j の差であり，その差は $\dfrac{r_{j-1}}{2}$ よりも小さい．したがって，2 ステップのうちには，余り（剰余）は少なくとも $\dfrac{1}{2}$ に減っていく．すなわち，$r_j < \dfrac{r_{j-1}}{2}$ となるか，または，$r_{j+1} \leq \dfrac{r_{j-1}}{2}$ となる．

復習：対数関数 ここで，本章の以降の内容を理解するために必要な対数関数について復習しておく．不要な読者は読みとばしていただきたい．

指数関数
$$y = a^x \quad (a > 0, a \neq 1)$$
の逆関数を
$$y = \log_a x$$
と書き，a を底とする x の**対数関数**（logarithm function）という．定義域が $x > 0$ である対数関数は，

- $a > 1$ のときは単調増加関数，
- $0 < a < 1$ のときは単調減少関数

となる．
$$a^m = M \quad (a > 0, a \neq 1)$$
のとき，m を a を底とする M の対数といい，
$$m = \log_a M$$
と書く．対数は，以下のような性質を持つ．ただし，以下では，$a > 0, a \neq 1$, $M > 0, N > 0$ とする．

(1) $\log_a a = 1, \quad \log_a 1 = 0$

(2) $\log_a MN = \log_a M + \log_a N$

(3) $\log_a \dfrac{M}{N} = \log_a M - \log_a N$

(4) $\log_a M^p = p \log_a M$

(5) $\log_a M = \dfrac{\log_b M}{\log_b a} \quad (b > 0, b \neq 1)$ （底の変換公式）

(6) $a^{\log_a M} = M$

底の変換公式の証明については，章末の演習問題 7.4 の解答を参照のこと．

> **例題 7.1** ある正整数 k が存在して $b = 2^k$ と表せるとき，上の議論で，余りを 0 にするまでに必要となる割り算の回数は何回になるか求めよ．
> **解答** 余りが 2 ステップごとに半分になるので，余りが 1 になるまでに，
> $$2 \log_2 b = k \text{ ステップ}$$
> が必要となる．そして，余りを 0 にするためには，もう 1 ステップ必要となる．よって，最悪のケースの割り算の回数は，$2 \log_2 b + 1 = k + 1$ 回となる．

この値は，n が 2 のべき乗でないときでも成り立つことが知られているが，通常，実際に行われる除算の回数よりも，はるかに大きい．なぜなら，たいていの場合，1 ステップで，余りが半分以下になるためである．

以下では，コンピュータに解かせる問題として，判定問題のみを考える．**判定問題** とは，その答がイエスまたはノーになる問題のことであった（第 6 章 6.4 節参照）．計算量理論において，「効率の良いアルゴリズム」とは，入力サイズの多項式で表されるステップ数（**多項式時間**（polynomial time）という）で実行できるアルゴリズムのことをいう．つまり，実行時間が n^{100} のアルゴリズムは，理論上効率が良いというが，2^n のアルゴリズムは効率が良いとはいわないのである．すなわち，効率の良いアルゴリズムの実行時間は，入力サイズを n とするとき，ある定数 c に関して n^c で上から押さえることができる．

Euclid の場合，入力サイズを正整数 b の記述長（b の 2 進表示のビット数）$\log_2 b$（正確には，$\log_2 b$ の値の小数点以下切り上げ）と考えると，上で述べたことから，Euclid の実行時間は，ある定数 c に対して $(\log_2 b)^c$ で上から押さえることができる．つまり Euclid は多項式時間アルゴリズムであることがわかる．

$$P = [\text{多項式時間アルゴリズムで解くことができる判定問題全体の集合}]$$

と定義する．ここで，P は Polynomial time（多項式時間）の頭文字である．与えられた 2 つの正整数が互いに素であるか否かを判定する問題を RELPRIME と呼ぶことにすれば，上で述べたことから，

$$\text{RELPRIME} \in P$$

であることがわかる．

7.2　因数分解

コンピュータの内部では，整数を2進数で表現している．整数 N をコンピュータのメモリ内に貯えるには，約 $\log_2 N$ ビットを必要とすることは上でも述べた．アルゴリズムは，その実行ステップ数が入力長（ビット数）のある多項式で押さえられるときに，「多項式時間で動作する」というのであった．因数分解問題の場合，入力として与えられる整数 N は $\log_2 N$ ビットで表現されるから，因数分解のアルゴリズム A が多項式時間で動作するとしたら（ただし，そのようなアルゴリズムは知られていないが），ある定数 k に対し，A の実行ステップ数は $(\log_2 N)^k$ 以下とならなければならない．理論上は，多項式時間で動作するアルゴリズムが効率の良いアルゴリズムと考えられている．

ここで

「1 以上 $\sqrt{N}$ 以下の各整数で N を割ってみる」

という整数 N に対する最も素朴な因数分解法について見てみよう．例えば，25 の因数を発見したいとする．この場合には，1 以上 $\sqrt{25}=5$ 以下の各整数で 25 を割ってみる．具体的には，1, 2, 3, 4, 5 の各整数で 25 を割ることになるが，このとき，もし 25 を割り切るものがあれば，それは 25 の約数ということになる．もちろん，今の場合には，5 で 25 は割り切れるから，5 が因数であることがわかるのである．

一般に，N の因数を発見するためには，1 以上 $\sqrt{N}$ 以下の各整数で N を割ればよい．その理由は，$(\sqrt{N})^2 = N$ なので，N に約数が存在するならば，必ず 1 以上 $\sqrt{N}$ 以下の範囲に存在するからである．

7.2 因数分解

> **例題 7.2** 上で述べた因数分解法は，多項式時間アルゴリズムか？ 理由と共に答えよ．
>
> **解答** N の因数を発見したいときに，上の因数分解法を用いると，1 回の割り算が 1 ステップで行えると仮定しても，最低 $\sqrt{N}$ ステップは必要になる．しかし，
>
> $$\sqrt{N} = 2^{(1/2)\log_2 N}$$
>
> は $\log_2 N$ に関する「指数関数」であり，したがって，このアルゴリズムは多項式時間では動作しない．

つまり，上記の因数分解法は，理論上は効率的なアルゴリズムではないのである．実際，因数分解に対する効率的なアルゴリズムは知られていない．現在知られている最良のアルゴリズムは，

$$2^{(\log_2 N)^{1/3}(\log_2 \log_2 N)^{2/3}}$$

のオーダのステップ数で動作する．しかし，逆に因数分解に対する効率的アルゴリズムが存在しないという証明がなされたわけでもない．

桁程度の整数の中には，因数分解しようとすると，現在最高速のスーパーコンピュータを用いたとしても，答が出るまでに数十億年もかかるものがあると言われている．このような因数分解の難しさをよりどころとして，RSA などの公開鍵暗号システムが実現され，インターネット上などで広く利用されている．逆の言い方をすれば，大きな整数の因数分解が高速に行えると，RSA という暗号は破ることができてしまう．すなわち，RSA 暗号は理論上絶対に破れない暗号ではなく，それを破ることが因数分解と同じくらい難しい暗号なのである．

計算時間の爆発的増加 入力サイズを n とするとき，実行ステップ数が n^{10} の多項式時間アルゴリズムなど，現在はまったく使いものにならないだろう．しかし，計算量理論においては，このようなアルゴリズムも，一応は効率的ということになっている．これは，将来技術が進めば，このようなアルゴリズムも実用になる可能性があるかもしれないからである．

これに対し，実行ステップ数が 10^n の指数時間アルゴリズムは，効率が悪いアルゴリズムであると断定している．これは何故だろうか？

その理由は，多項式関数と指数関数の値の増加の仕方の違いにある．入力サイズ n を大きくしていったときに，あるところから先では，指数関数の方が圧倒的に速く値が増加するのである．例えば，$n = 2$ のとき n^{10} の値は

$$2^{10} = 1024$$

になるが，10^n の値は

$$10^2 = 100$$

と小さい．このように，n が小さなうちは，n^{10} よりも 10^n の方が値が小さい．

ところが，$n = 10$ とすると，n^{10} の値も 10^n の値も 10^{10} となり等しくなる．そして，n が 10 より大きくなると，n^{10} よりも 10^n の方が値が大きくなり，この差は急激に開く一方となる．この様子を図 7.1 に示した．

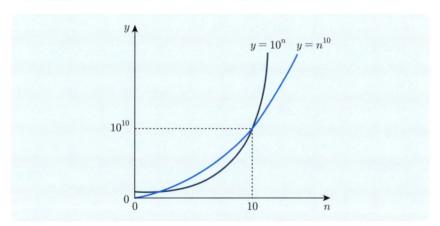

図 7.1　関数値の増加の様子

7.2 因数分解

これをアルゴリズムの言葉でいえば，入力サイズ n が小さいうちは，実行ステップ数が n^{10} の多項式時間アルゴリズム A は，実行ステップ数が 10^n の指数時間アルゴリズム B よりも実行に時間がかかる．しかし，入力サイズが 10 より大きくなると，B の実行時間は急激に増加し，A よりもはるかに実行時間がかかるようになる．つまり，アルゴリズム B の計算時間が爆発的に増加することがわかる．

例題 7.3 今，ここに，1 秒間に 100 億（$= 10^{10}$）ステップ実行できる夢のスーパーコンピュータがあったとしよう．入力サイズを $n = 30$ とするとき，このコンピュータが多項式時間アルゴリズム A と指数時間アルゴリズム B の実行に要する時間を，それぞれ求めよ．

解答 このコンピュータがアルゴリズム B の実行に要する時間は，
$$\frac{10^{30}}{10^{10}} \text{ (秒)} = 10^{20} \text{ (秒)} = 約 3 兆年$$
という気の遠くなるような年数になる．一方，このコンピュータがアルゴリズム A の実行に要する時間は，
$$\frac{30^{10}}{10^{10}} \text{ (秒)} = 3^{10} \text{ (秒)} = 16.4 \text{ 時間}$$
という極めて現実的なものとなる．

このように，入力値を大きくしていくと，指数関数はどのような多項式関数よりも急激に値が増加する．したがって，将来，技術がどんなに進歩したとしても，コンピュータが指数時間アルゴリズムを効率良く実行できることはないと，研究者たちは考えているのである．

7.3 P = NP？問題

　第6章6.4節で述べたクリーク問題を解くアルゴリズム Clique の実行時間（ステップ数）を求めてみよう．具体例で見たように，入力されたグラフによって，Clique の実行時間は異なるが，ここでは，最も時間を要する入力が与えられたときの，最悪の実行時間を見積もることにする．アルゴリズム Clique の1行目と3行目は，それぞれ1ステップで実行できるので，2行目のステップ数が本質的に重要である．実際，アルゴリズムが最も長く動作するのは，2行目において，入力グラフ G の頂点集合の要素数 k の部分集合すべてに対してチェックを行わなければならない場合である．つまり，最後にチェックしたグラフによって，Answer が Yes となるか No となるかが決まるような場合である．

　話を簡単にするために，G の k 個の頂点からなる各集合がクリークを形成しているか否かのチェックが，1ステップで行えると仮定しよう．そうすると，アルゴリズムの2行目は最悪の場合，k 頂点からなる部分集合の総数だけのステップ数がかかることになる．実は，k 頂点を含む各部分集合に対するチェックは，頂点数 k の2乗に比例するステップ数がかかるが，これは小さな問題であることが後にわかる．別の言い方をすれば，最悪の場合，アルゴリズムの2行目の実行には，少なくとも要素数 k の部分集合の総数だけのステップ数を要することがわかればよい．

　アルゴリズムのステップ数は入力サイズの関数として表す（7.1節参照）．つまり，アルゴリズムへの入力のサイズを x としたときに，そのアルゴリズムの実行に要するステップ数を x に関する式で表現するのである．クリーク問題の場合の入力サイズは，グラフ G の記述サイズと，整数 k の記述サイズの和となる．再び，話を簡単にするために，グラフ G の記述サイズは G の頂点数と考えることにする．このように仮定しても以下の議論には，本質的影響はない．G の頂点数を n とすると，整数 k は n 以下なので，その記述長は $\log_2 n$ 程度となり（整数 n を2進数で表すと約 $\log_2 n$ 桁を要する），n と比べると非常に小さいので無視できる．よって，以下では入力グラフ G の頂点数 n を入力サイズと考え，G の頂点集合の要素数 k の部分集合の総数を n の関数として表すことを考える．そのようにして Clique の最悪の実行時間を見積もることができる．

7.3 P = NP ? 問題

復習：順列・組合せ k 個取り出した上で，さらに，取り出した k 個のものを一列に順序付けて並べたものを，n 個のものから k 個取る**順列**（permutation）という．一方，相異なる n 個のものから k 個取り出して 1 組としたものを，n 個のものから k 個取る**組合せ**（combination）という．相異なる n 個のものから k 個取る順列の数を $_n\mathrm{P}_k$ で表すと，以下の関係式が成り立つ．

$$_n\mathrm{P}_k = \frac{n!}{(n-k)!} \quad (k \leq n)$$

また，相異なる n 個のものから k 個取る組合せの数を $_n\mathrm{C}_k$ で表すと，以下の関係式が成り立つ．

$$_n\mathrm{C}_k = \frac{_n\mathrm{P}_k}{k!} = \frac{n!}{k!\,(n-k)!} \quad (k \leq n)$$

組合せでは，取り出す組の作り方だけを問題にし，順列では，取り出した上で取り出したものの順序も問題にするので，以下の関係式が成り立つ．

$$_n\mathrm{P}_k = {_n\mathrm{C}_k} \cdot k!$$

さて，n 個の頂点からなる集合に含まれる，頂点数 k の部分集合を 1 つ定めるには，n 個の頂点のうちの，どの k 頂点がその部分集合に含まれるのかを指定すればよい．そのような指定の仕方の総数は，n 個のものから k 個のものを選ぶ組合せの総数であり，$_n\mathrm{C}_k$ と表される．

例えば，前に述べた図 6.1 のグラフに対応する実行例では，$n=4, k=3$ であったので，最悪の場合，$_4\mathrm{C}_3 = 4$ 個の部分集合についてチェックを行った．

この $_n\mathrm{C}_k$ の値は，k が定数のときは高々 n^k 以下となり，n に関する多項式で押さえられる．ところが，k が $\frac{n}{2}, \sqrt{n}, \log n$ のような n の関数になると，$_n\mathrm{C}_k$ の値はもはや n に関する多項式では押さえられなくなる．

> **例題 7.4** $k=3$ のとき，$_n\mathrm{C}_k$ を n に関する式で表せ．また，$k=\frac{n}{2}$ のとき，$_n\mathrm{C}_k$ を下から押さえよ．ただし，その際には，以下の公式を用いてよい．
>
> $$_n\mathrm{C}_k \geq \binom{n}{k}^k$$
>
> **解答** $k=3$ のときには，$_n\mathrm{C}_3 = \dfrac{n(n-1)(n-2)}{3 \cdot 2 \cdot 1}$
>
> また，$k=\frac{n}{2}$ のときには，公式より，$_n\mathrm{C}_{n/2} \geq \left(n \times \dfrac{2}{n}\right)^{n/2} = 2^{n/2}$

P = NP ? 問題　引き続き，クリーク問題について考えてみよう．n 個の頂点からなるグラフの中に，k 頂点からなるクリークが含まれるか否かを判定する問題を，**k-クリーク問題**と呼ぶことにしよう．上で述べたことから，例えば，3-クリーク問題に対しては，それを解く多項式時間アルゴリズムが存在するが，$n/2$-クリーク問題に対しては，アルゴリズム Clique（第 6 章 6.4 節）は多項式時間アルゴリズムにはならない．

　ここで注意すべきことは，だからといって，$n/2$-クリーク問題を解く多項式時間アルゴリズムが存在しないことがただちに導かれるわけではないことである．すなわち，$n/2$-クリーク問題を解くときには，Clique ではなく，もっと別の巧妙なアルゴリズムを用いれば，多項式時間で解けるかもしれないからである．実際，$n/2$-クリーク問題を解く多項式時間アルゴリズムが存在しないことが証明できれば，後で述べる「P = NP ? 問題」が解決されてしまう．実際のところは，多くの研究者は $n/2$-クリーク問題を解く多項式時間アルゴリズムは存在しないだろうと予想している．もちろん，実行時間が n^{100} のアルゴリズムなど，プログラミングの現場では使いものにならない．これは，あくまでも理論の話である．ただ，理論の世界で効率が良くないと評価されたアルゴリズムは，コンピュータがどのように進化したとしても，絶対に使いものにならないと考えてよい．計算量理論はそういったことを保証してくれる．

　クリーク問題で注意すべきことは，与えられたグラフ G 内の k 個の頂点からなる集合が 1 つ示されれば，その頂点集合が k-クリークを構成するか否かは，容易に確認できるということである．すなわち，示された k 個の頂点の中の任意の 2 頂点が辺で結ばれているか否かは，G の頂点数を n とするとき，高々 $n^2/2$ ステップ（多項式時間）で確認することができる．

> NP = [証拠が与えられれば，その答が Yes であることを（問題の入力
> サイズに関する）多項式時間以内に確認することができる判定
> 問題全体の集合]

と定義する．例えば，クリーク問題の場合には，実際に k-クリークを形成している k 個の頂点を「証拠」として教えてもらえれば，与えられたグラフ G が確かに k-クリークを含むことを多項式時間で確認することができる．したがって，上の定義から，クリーク問題は NP に属することがわかる．

7.3 P = NP ? 問題

PとNPの定義から，次の関係は明らかである．

$$P \subseteq NP$$

すなわち，多項式時間で解ける問題ならば，その問題を（与えられた証拠を見ずに）多項式時間以内に解いて，問題の答がYesとなるか否かを確認することができるはずである．

しかし，$P \neq NP$ が成り立つか否かはわかっていない．これを決定する問題は **P = NP ? 問題**（P versus NP problem）と呼ばれ，コンピュータサイエンスにおける最も有名な未解決問題である．見方を変えれば，P = NP ? 問題は「自分で答を発見すること」と「他人から与えられた答の正しさを確認すること」のどちらがより難しいかを問う問題ともいえる．

ところで，第6章6.4節で示したアルゴリズムCliqueを用いれば，クリーク問題は必ず解ける．しかし，このアルゴリズムは多項式時間アルゴリズムではなかった．今のところ，クリーク問題に対する多項式時間アルゴリズムは知られておらず，むしろ，そのようなアルゴリズムは存在しないのではないかと予想されている．例えば，もしクリーク問題が多項式時間では解けないこと（すなわち，クラスPに属さないこと）を示すことができれば，$P \neq NP$ であることが証明できたことになる．多くの研究者は $P \neq NP$ が成り立つであろうと予想している．

7.4 NP完全性

次に,問題の相対的難しさを定義するための手段として,**還元可能性**(reducibility)という概念を紹介しよう.ここで還元とは,問題の言い換えのことである.例えば,判定問題 A が判定問題 B に還元可能であるとは(以下では,判定問題のことを単に問題ということにする),問題 A を問題 B に言い換えて,問題 B を解くと,その答が Yes となるときにはもとの問題 A の答も Yes であり,問題 B の答が No となるときには問題 A の答も No となっているときをいう.つまり,問題 A を解くことを,問題 B を解くことに置き換えられるときに,問題 A は問題 B に**還元可能**(reducible)であるという.

問題 A が問題 B に還元可能だった場合には,もし問題 A を解くアルゴリズムを知らなくても,問題 B を解くアルゴリズム X と,問題 A を問題 B に還元するアルゴリズム Y を知っていれば,問題 A を解くことができる.

すなわち,まずアルゴリズム Y を用いて問題 A を問題 B に置き換え,次に,アルゴリズム X を用いて問題 B を解くのである(図 7.2 参照).

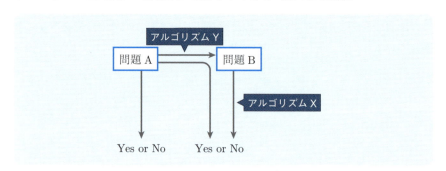

図 7.2 多項式時間還元

そうすると,得られた問題 B の答が Yes であったとき,かつそのときに限って,もとの問題 A の答も Yes になっているので,これで問題 A が解けたことになる.

問題 A が問題 B に還元可能であり,しかも,その還元が十分高速に行えるならば,問題 B の方が問題 A よりも難しいと考えることができる.すなわち,還

7.4 NP完全性

元が無視できるくらい短時間に行えるのであれば,問題Bを解くのに必要な時間で問題Aを解くことができる.しかも,問題Aを解くのには,問題Bを経由しない別の方法もあり得るので,問題Aは,問題Bへの還元を用いて解く場合よりも高速に解ける可能性さえある.

今,問題Aが問題Bに還元可能であり,かつ,その還元が十分高速に行えたとしよう.このとき,問題Bが問題Aより難しいことをより明確に理解するには,以下のような関係が成り立つことに注意するとよい.例えば,もし問題Bを解く多項式時間アルゴリズムが存在するならば,問題Aを解く多項式時間アルゴリズムが存在することになる(図7.2も参照されたい).すなわち,問題BがクラスPに属するならば,問題AもクラスPに属することになる.

> **コラム** NP完全問題の高速解法に向けて

NP完全問題が高速に解けると,産業界などに多大な恩恵がもたらされる.巡回セールスマン問題を例にとって説明してみよう.これはセールスマンが自社から出発して,いくつかの得意先を回り帰社しなければならない場合に,得意先をどの順番に訪れれば移動距離が最短になるかという問題である.この問題をナイーブに全解探索で解こうとすると,得意先がk社あった場合には,kの階乗($k!$)通りの巡回路をすべて調べて最短路を発見しなければならない.このような計算には指数時間がかかるため,計算時間が爆発してしまう.

現在までのところ,巡回セールスマン問題を効率良く解く方法は知られていないが,もし,この問題を高速に解くことができれば,基盤加工の現場などに大きな恩恵がもたらされる.パソコンの内部にはプラスチックの基盤が入っているが,この基盤を加工する際には,細いドリルで多数の小さな穴を開けなければならない.その際に,ドリルを移動させながら,どのような順番で穴を開けていくかが問題となる.もし,ドリルの総移動距離が最短になるような穴開けの順番がわかれば,1枚の基盤の加工時間を短くできるが,そのような順番を求める問題は,まさに,巡回セールスマン問題そのものである.したがって,もし,巡回セールスマン問題が高速に解ければ,基盤加工の工場の稼働時間を大幅に短縮できる可能性がある.

このように,NP完全問題は,産業界のさまざまな分野で高速解法が望まれている問題である.しかし,NP完全問題は,現在のコンピュータ上では高速に解くことができないと強く予想されているため,量子コンピュータのような新方式のコンピュータを用いて,NP完全問題を高速に解こうとする試みも検討されている. ○

クリーク問題の独立集合問題への還元　グラフ G の独立集合 S とは，G の頂点の部分集合であって，それに属する任意の 2 頂点を結ぶ辺が G 内には存在しないものをいう．このとき，独立集合問題とは，以下のような問題である．

> **独立集合問題**（independent set problem）　グラフ G と正整数 k が与えられたときに，G が要素数 k の独立集合を含むか否かを判定せよ．

例えば，図 7.3 (a) のグラフは要素数 3 の独立集合を含むが，要素数 4 の独立集合は含まない．クリーク問題と独立集合問題は，互いに他に多項式時間で還元可能であることを示そう．

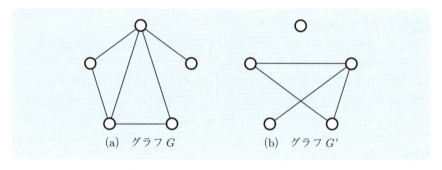

図 7.3　グラフ G とその補グラフ G'

その際に，次の**補グラフ**（complement graph）という概念が必要になる．グラフ G の補グラフ G' とは，G と同じ頂点を持ち，G 内で辺で結ばれている頂点同士は辺で結ばず，かつ，G 内で辺で結ばれていない頂点同士はすべて辺で結んだようなグラフである．例えば，図 7.3 の 2 つのグラフは，互いに他の補グラフになっている．

7.4 NP完全性

グラフ G が要素数 k のクリークを含む必要十分条件は，G の補グラフ G' が要素数 k の独立集合を含むことであることは容易にわかる．この事実を用いて，独立集合問題をクリーク問題に多項式時間で還元することができる．すなわち，独立集合問題を解くアルゴリズムを知らなくても，第6章6.4節で示したクリーク問題を解くアルゴリズム Clique を知っていれば，以下のアルゴリズム Indset によって，独立集合問題を解くことができる．

アルゴリズム Indset
  目的：独立集合問題を解く．
  入力：グラフ G と整数 k.
  出力：Yes または No.

---
1 入力グラフ G が与えられたら，それをその補グラフ G' に変換し，G' を入力として，k-クリーク問題を解くアルゴリズム Clique を起動する．
2 アルゴリズム Clique が Yes を出力したら Yes を出力し，No を出力したら No を出力する．

例題 7.5 上のアルゴリズム Indset を用いて，図 7.3 (a) のグラフに対する独立集合問題を解け．

解答 図 7.3 (a) のグラフ G が与えられたとき，その補グラフ G' は図 7.3 (b) のようになる．この G' に対して 3-クリーク問題を解くアルゴリズム Clique を起動すると，答は Yes となる．よって，グラフ G に対する独立集合問題の解答も Yes となる．

NP完全問題　B をクラス NP に属する判定問題とする．問題 B が以下の条件 (1) を満たすとき，B は **NP困難**（NP-hard）であるという．さらに，B が条件 (2) も満たすとき，B は **NP完全**（NP-complete）であるという．

> (1) NP に属するすべての問題 A に対し，A は B に多項式時間還元可能である．
> (2) 問題 B はクラス NP に属する．

クリーク問題と独立集合問題は，NP 完全であることが知られている．

定義から，NP 完全問題は，クラス NP の中で最も難しい問題と考えることができる．なぜなら，NP 完全性の定義の条件 (1) から，もし問題 B が NP 完全ならば，NP に属するすべての問題が多項式時間で B に還元できるからである．その意味で，B は NP に属するどの問題よりも難しいと考えられる．

ところで，2 つの NP 完全問題を任意に選ぶと，NP 完全性の定義から，それらは互いに他に多項式時間還元可能であることがわかる．つまり，NP 完全問題はすべて同じ程度に難しいと考えられるのである．

> **例題 7.6**　もし NP 完全問題 B を解く多項式時間アルゴリズム X が存在すれば，
> $$\mathrm{NP} \subseteq \mathrm{P}$$
> となることを証明せよ．
>
> **解答**　図 7.2 において，問題 A を NP に属する任意の問題とするとき，問題 B が NP 完全であることから，A を B に多項式時間で還元するアルゴリズム Y が必ず存在する．さらに，今，存在を仮定したアルゴリズム X を用いて，問題 B は多項式時間で解くことができる．よって，NP に属する任意の問題 A は，アルゴリズム Y と X を続けて用いることで，全体として多項式時間で解けることになる（多項式時間同士を加え合わせても，多項式時間であることに変わりはないことに注意）．つまり，NP に属するすべての問題に対して，それを解く多項式時間アルゴリズムが存在することになるので，$\mathrm{NP} \subseteq \mathrm{P}$ となることがわかる．

7.4 NP 完全性

最初に発見された NP 完全問題　クラス P と NP の定義から，P $\subseteq$ NP であったから，ある NP 完全問題を解く多項式時間アルゴリズムが存在すれば，P $=$ NP という結論が導かれる．しかし，これは多くの研究者が信じていない結論なので，NP 完全問題 B を解く多項式時間アルゴリズム X は存在しないと予想されている．

　実際，NP 完全問題は，計算機科学のほとんどすべての分野で何千と発見されている．それらの問題の中には，重要なものが数多くあるにもかかわらず，そのうちのどの問題に対しても多項式時間アルゴリズムは見つかっていない．先ほど述べたことから，現在ほとんどの研究者が NP 完全問題は多項式時間では解けないと予想しているので，ある問題が NP 完全であることを示すことは，その問題が実際的に計算可能ではないという強い状況証拠を与えることになる．

　ところで，ある問題 B が NP 完全であることを証明したいときには，どのようにすればよいのだろうか？　定義から，B が NP 完全であるためには，前に述べた 2 つの条件を満たさなければならない．このうち，2 番目の「問題 B はクラス NP に属する」という条件は，多くの場合に示すのが容易である．具体的には，判定問題 B の答が Yes になるときには，そのことを多項式時間で確証させるような証拠が存在することを示せばよい．

　1 番目の条件「NP に属するすべての問題 A に対し，A は B に多項式時間還元可能である」ことを示すには，どうすればよいのだろうか？　もちろん，NP に属する問題がすべてわかっているわけではない．したがって，NP に属するすべての問題ひとつひとつについて，この条件の真偽を確かめていくことはできない．それなのに，世の中には NP 完全であることが証明された問題が何千とある．これは一体どうしたことだろうか？

　その種明かしをすれば，実は，歴史上初めて NP 完全であることが証明された問題が存在するのである．それは論理式の**充足可能性判定問題**（satisfiability problem，略称 SAT）という問題である．SAT が NP 完全であることを証明したのは，1982 年にチューリング賞を受賞したクックである．当然，SAT の前には NP 完全である問題は知られていないから，SAT の NP 完全性の証明は，さきほどの条件 (1) を直接チェックする形では行えない．クックは，原理原則に立ち帰って SAT の NP 完全性を証明したのだ．

NP 完全であることの証明法　クックのおかげで，その後の研究者は，ある問題 B が NP 完全であることを証明するには，SAT が B に多項式時間還元可能であることを示せばよくなった．なぜなら，SAT は NP 完全であることがクックによって示されているから，NP に属するすべての問題は SAT に多項式時間還元可能である．さらに，SAT が問題 B に多項式時間還元可能であることが示されていれば，SAT を経由することで，NP に属するすべての問題が B に還元可能であることが示され，問題 B について先の条件 (2) が証明できたことになる．このように，多項式時間還元を用いて NP 完全性を証明していくことを最初に思いついたのは，1985 年にチューリング賞を受賞したカープである．

　NP 完全問題のバリエーションが増えていけば，NP 完全であることを示したい問題 B に対して，SAT に限らず，好きな NP 完全問題が多項式時間還元可能であることを示せばよくなるので，証明が次第にやりやすくなっていくわけである．このようにして，現在ではコンピュータ関連のほとんどすべての分野において，何千という NP 完全問題が発見されている．

● 演習問題

□ **7.1** $\log_{10} x$ が 100 に等しいとき，x の値を求めよ．

□ **7.2** $\log_a \frac{x}{y} = \log_a x - \log_a y$ であることを証明せよ．ただし，$a > 0$, $a \neq 1$, $x > 0$, $y > 0$ とする．

□ **7.3** $a^{\log_b c} = c^{\log_b a}$ であることを証明せよ．ただし，$a > 0$, $a \neq 1$, $b > 0$, $b \neq 1$, $c > 0$ とする．

□ **7.4** 7.1 節（108 ページ）の底の変換公式を証明せよ．
$$\log_a M = \frac{\log_b M}{\log_b a} \quad (a > 0, a \neq 1, b > 0, b \neq 1)$$

□ **7.5** 0, 1, 2, 3, 4, 5, 6 を用いて 3 桁の奇数は何個作れるか求めよ．ただし，どの数字も何回用いてもよいものとする．

□ **7.6** 男子 5 人，女子 3 人が一列に並ぶとき，女子 3 人が常に隣り合う並び方は何通りあるか求めよ．

□ **7.7** 男子 7 人と女子 6 人の中から 4 人を選び出すときに，男子 3 人と女子 1 人を選出する仕方は全部で何通りあるか求めよ．

□ **7.8** 男子 7 人と女子 6 人の中から 4 人を選び出すときに，男子と女子から少なくとも 1 人ずつは選出する仕方は全部で何通りあるか求めよ．

□ **7.9** トランプのポーカーにおいて，いくつの異なるフルハウスの手が有り得るか？ただし，フルハウスとはカード 5 枚から構成される手で，そのうちの 3 枚が同じ数字のカードであり，かつ，残りの 2 枚が別の同じ数字のカードとなっているもののことをいう．例えば，「クラブの 5, スペードの 5, ハートの 5, クローバーの 7, ダイヤの 7」という手は，フルハウスである．

□ **7.10** グラフ G 内のすべての頂点をちょうど 1 回ずつ通過する経路のことを，G のハミルトン経路という．与えられたグラフ G がハミルトン経路を含むか否かを決定する問題を，ハミルトン経路問題 (Hamiltonian path problem) という（ハミルトン経路問題は NP 完全であることが知られている）．一方，G の頂点の中から，始点 s と終点 t が指定されて，s から t へ向かうハミルトン経路を s-t ハミルトン経路という．無向グラフ G と，G 内の始点 s と終点 t が与えられたときに，G が s-t ハミルトン経路を含むか否かを決定する問題を **s-t ハミルトン経路問題** (s-t Hamiltonian path problem) と呼ぶことにする．このとき，ハミルトン経路問題は，s-t ハミルトン経路問題に多項式時間還元可能であることを示せ．

演習問題解答

● 第 1 章

1.1 (1) $A = \{2, 3, 5, 7, 11, 13, 17, 19, \cdots\}$,
$B = \{\cdots, -7, -4, -1, 2, 5, 8, \cdots\}$
(2) $C = \{n \mid n = 3k - 2,\ 1 \leq k \leq 8,\ k \in \mathbf{N}\}$,
$D = \left\{n \mid n = \dfrac{k}{2}(k+1),\ k \in \mathbf{N}\right\}$

1.2 (1) $\mathcal{P}(A) = \{\emptyset, \{1\}, \{2\}, \{3\}, \{4\}, \{1,2\}, \{1,3\}, \{1,4\}, \{2,3\},$
$\{2,4\}, \{3,4\}, \{1,2,3\}, \{1,2,4\}, \{1,3,4\}, \{2,3,4\}, \{1,2,3,4\}\}$
$\mathcal{P}(B) = \{\emptyset, \{\emptyset\}, \{\{1\}\}, \{\{2\}\}, \{\emptyset, \{1\}\}, \{\emptyset, \{2\}\}, \{\{1\}, \{2\}\},$
$\{\emptyset, \{1\}, \{2\}\}\}$
(2) X に該当するのは，$\{1,3\}, \{1,2,3\}, \{1,3,4\}, \{1,2,3,4\}$ の 4 つ．
Y に該当するのは，$\{\{1\}\}, \{\emptyset, \{1\}\}, \{\{1\}, \{2\}\}, \{\emptyset, \{1\}, \{2\}\}$ の 4 つ．

1.3 ベン図を書くと，次の図のとおりである．したがって，以下のように求まる．

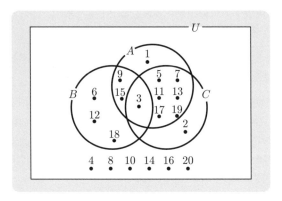

図 演習問題 1.3 のベン図

(1) $A = \{1, 3, 5, 7, 9, 11, 13, 15, 17, 19\}$, $B = \{3, 6, 9, 12, 15, 18\}$,
$C = \{2, 3, 5, 7, 11, 13, 17, 19\}$
(2) $A \cap B = \{3, 9, 15\}$,
$A \cap C = \{3, 5, 7, 11, 13, 17, 19\}$,
$B \cap C = \{3\}$, $A \cap B \cap C = \{3\}$
(3) $A \cup B = \{1, 3, 5, 6, 7, 9, 11, 12, 13, 15, 17, 18, 19\}$,

$A \cup C = \{1, 2, 3, 5, 7, 9, 11, 13, 15, 17, 19\}$,
$B \cup C = \{2, 3, 5, 6, 7, 9, 11, 12, 13, 15, 17, 18, 19\}$,
$A \cup B \cup C = \{1, 2, 3, 5, 6, 7, 9, 11, 12, 13, 15, 17, 18, 19\}$
(4) $\overline{A} = \{2, 4, 6, 8, 10, 12, 14, 16, 18, 20\}$,
$\overline{B} = \{1, 2, 4, 5, 7, 8, 10, 11, 13, 14, 16, 17, 19, 20\}$,
$\overline{C} = \{1, 4, 6, 8, 9, 10, 12, 14, 15, 16, 18, 20\}$,
$\overline{A} \cap \overline{B} = \{2, 4, 8, 10, 14, 16, 20\}$,
$\overline{A} \cup \overline{C} = \{1, 2, 4, 6, 8, 9, 10, 12, 14, 15, 16, 18, 20\}$,
$\overline{B} \cap \overline{C} = \{1, 4, 8, 10, 14, 16, 20\}$
(5) $B \backslash A = \{6, 12, 18\}$, $A \backslash C = \{1, 9, 15\}$,
$C \backslash B = \{2, 5, 7, 11, 13, 17, 19\}$,
$(A \cap B) \backslash C = \{9, 15\}$,
$(B \cup C) \backslash A = \{2, 6, 12, 18\}$

1.4 (1) $A \triangle C = \{1, 2, 9, 15\}$,
(2) $A \triangle \overline{B} = \{2, 3, 4, 8, 9, 10, 14, 15, 16, 20\}$,
(3) $\overline{B} \triangle C = \{1, 3, 4, 8, 10, 14, 16, 20\}$

1.5 (1) 以下の図のとおり，左辺および右辺の最終結果（斜線の部分）が等しいことが確認できる．

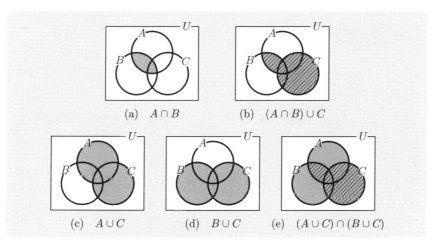

図 演習問題 1.5 (1) のベン図

(2) 以下の図のとおり，左辺および右辺の最終結果（斜線の部分）が等しいことが確認できる．

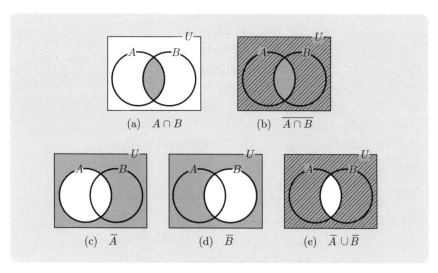

図 演習問題 1.5 (2) のベン図

1.6 それぞれ，以下のようにして導ける．

(1) $(A \cup B) \cap A = (A \cup B) \cap (A \cup \emptyset)$ （同一律 $A \cup \emptyset = A$ より）

$\qquad\qquad\qquad = A \cup (B \cap \emptyset)$ （分配律より）

$\qquad\qquad\qquad = A \cup \emptyset$ （同一律 $B \cap \emptyset = \emptyset$ より）

$\qquad\qquad\qquad = A$ （同一律より）

(2) $(A \cap B) \cup A = (A \cap B) \cup (A \cap U)$ （同一律 $A \cap U = A$ より）

$\qquad\qquad\qquad = A \cap (B \cup U)$ （分配律より）

$\qquad\qquad\qquad = A \cap U$ （同一律 $B \cup U = U$ より）

$\qquad\qquad\qquad = A$ （同一律より）

1.7 以下のようにして導ける．

$(A \backslash B) \cup (B \backslash A)$

$\quad = (A \cap \overline{B}) \cup (B \cap \overline{A})$ （差集合の定義より）

$\quad = \left(A \cup (B \cap \overline{A})\right) \cap \left(\overline{B} \cup (B \cap \overline{A})\right)$ （分配律より）

演習問題解答   **129**

$$= ((A \cup B) \cap (A \cup \overline{A})) \cap ((\overline{B} \cup B) \cap (\overline{B} \cup \overline{A})) \quad (分配律より)$$

$$= ((A \cup B) \cap U) \cap (U \cap (\overline{B} \cup \overline{A})) \quad (補元律より)$$

$$= ((A \cup B) \cap U) \cap ((\overline{A} \cup \overline{B}) \cap U) \quad (交換律より)$$

$$= (A \cup B) \cap (\overline{A} \cup \overline{B}) \quad (同一律より)$$

$$= (A \cup B) \cap (\overline{A \cap B}) \quad (ド・モルガンの法則より)$$

$$= (A \cup B) \setminus (A \cap B) \quad (差集合の定義より)$$

1.8 (1) 定理 1.2 (1) より，$|A \cup C| = |A| + |C| - |A \cap C|$ である．ここで，$|A| = 10, |C| = 8, |A \cap C| = 7$ から，
$$|A \cup C| = 10 + 8 - 7 = 11.$$

(2) ド・モルガンの法則から $\overline{B} \cup \overline{C} = \overline{B \cap C}$ である．ここで，$|U| = 20$ および $|B \cap C| = 1$ から，定理 1.2 (2) より，
$$|\overline{B \cap C}| = |U| - |B \cap C| = 20 - 1 = 19.$$

(3) ド・モルガンの法則から $\overline{A} \cap \overline{B} = \overline{A \cup B}$ である．ここで，$|B| = 6, |A \cap B| = 3$ から，定理 1.2 (1) より，
$$|A \cup B| = |A| + |B| - |A \cap B| = 10 + 6 - 3 = 13.$$
また，定理 1.2 (2) より，
$$|\overline{A \cup B}| = |U| - |A \cup B| = 20 - 13 = 7.$$

(4) $A \cup B \cup C = (A \cup B) \cup C$ から，定理 1.2 (1) より，$|A \cup B \cup C| = |A \cup B| + |C| - |(A \cup B) \cap C|$ である．ここで，分配律から $(A \cup B) \cap C = (A \cap C) \cup (B \cap C)$ であり，定理 1.2 (1) より，
$$|(A \cup B) \cap C| = |(A \cap C) \cup (B \cap C)|$$
$$= |A \cap C| + |B \cap C| - |(A \cap C) \cap (B \cap C)|$$
である．また，結合律，交換律，およびべき等律を使って $(A \cap C) \cap (B \cap C) = A \cap B \cap C$ が導けるから，
$$|(A \cup B) \cap C| = |A \cap C| + |B \cap C| - |A \cap B \cap C|$$
である．したがって，$|A \cup B| = 13, |C| = 8, |A \cap C| = 7, |B \cap C| = 1, |A \cap B \cap C| = 1$ から，
$$|A \cup B \cup C| = |A \cup B| + |C| - (|A \cap C| + |B \cap C| - |A \cap B \cap C|)$$
$$= 13 + 8 - (7 + 1 - 1) = 14.$$

● 第 2 章

2.1 (1) $A \times B = \{(a,0),\ (a,1),\ (b,0),\ (b,1),\ (c,0),\ (c,1)\}$
(2) $B \times A = \{(0,a),\ (0,b),\ (0,c),\ (1,a),\ (1,b),\ (1,c)\}$
(3) $A^2 = \{(a,a),\ (a,b),\ (a,c),\ (b,a),\ (b,b),\ (b,c),\ (c,a),\ (c,b),\ (c,c)\}$
(4) $B^3 = \{(0,0,0),\ (0,0,1),\ (0,1,0),\ (0,1,1),\ (1,0,0),\ (1,0,1),\ (1,1,0),\ (1,1,1)\}$

2.2 (1) A から B への関係 R は，以下の図 (a) のように図示される．
(2) C 上の関係 S は，以下の図 (b) のように図示される．

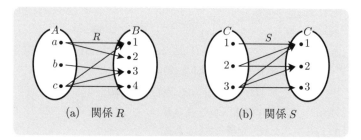

図　演習問題 2.2 の関係

2.3 (1) A 上の関係 R は，
$$R = \{(2,2), (2,4), (2,6), (3,3), (3,6), (4,4), (6,6)\}$$
であり，これを図示したのが以下の図 (a) である．また，A 上の関係 S は，
$$S = \{(2,2), (3,3), (4,2), (4,4), (6,2), (6,3), (6,6)\}$$
であり，これを図示したのが以下の図 (b) である．

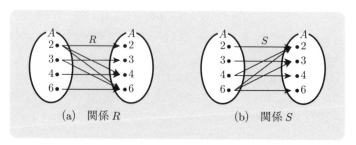

図　演習問題 2.3 (1) の関係

演習問題解答   **131**

(2) R と S の合成 $R \circ S$ は，以下の図 (a) のように表される．したがって，
$$R \circ S = \{(2,2), (2,3), (2,4), (2,6), (3,2), (3,3), (3,6),$$
$$(4,2), (4,4), (6,2), (6,3), (6,6)\}$$
である．

また，S と R の合成 $S \circ R$ は，以下の図 (b) のように表される．したがって，
$$S \circ R = \{(2,2), (2,4), (2,6), (3,3), (3,6), (4,2), (4,4), (4,6),$$
$$(6,2), (6,3), (6,4), (6,6)\}$$
である．

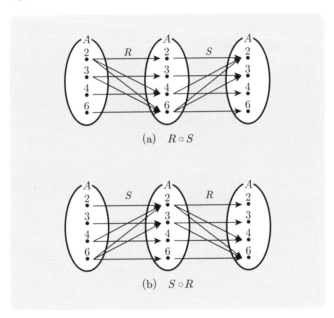

図　演習問題 2.3 (2) の関係

2.4 (1) $R^{-1} = \{(2,2), (3,3), (4,2), (4,4), (6,2), (6,3), (6,6)\}\ (=S)$,
$S^{-1} = \{(2,2), (2,4), (2,6), (3,3), (3,6), (4,4), (6,6)\}\ (=R)$
(2) $R^{-1} \circ S^{-1} = S \circ R$
$= \{(2,2), (2,4), (2,6), (3,3), (3,6), (4,2), (4,4), (4,6),$
$(6,2), (6,3), (6,4), (6,6)\},$

$$(R \circ S)^{-1} = \{(2,2),(2,3),(2,4),(2,6),(3,2),(3,3),(3,6),$$
$$(4,2),(4,4),(6,2),(6,3),(6,6)\} \ (= R \circ S)$$

2.5 (1) A のすべての要素について，$(a,a),(b,b),(c,c) \in R$ であるから，R は反射的である．

(2) $(a,b) \in R$ であるが，$(b,a) \notin R$ であるから，R は対称的ではない．

(3) $(a,c) \in R$ かつ $(c,a) \in R$ であるが，$a \neq c$ であるから，R は反対称的ではない．

(4) $(b,c) \in R$ かつ $(c,a) \in R$ であるが，$(b,a) \notin R$ であるから，R は推移的ではない．

2.6 (1) A の任意の要素 a に対して $(a,a) \in R$ が成立する（例えば，$(1,1),(2,2) \in R$）から，R は反射的である．

また，A の任意の 2 つの要素 a, b に対して，$(a,b) \in R$ ならば $(b,a) \in R$ が成立する（例えば，$(1,2),(2,1) \in R$, $(1,4),(4,1) \in R$ など）から，R は対称的である．

さらに，A の任意の 3 つの要素 a, b, c に対して，$(a,b) \in R$ かつ $(b,c) \in R$ ならば $(a,c) \in R$ が成立する（例えば，$(1,2),(2,4) \in R$ かつ $(1,4) \in R$ など）から，R は推移的である．

以上より，R は同値関係である．

(2) A の R による同値類は，
$$[1] = \{1,2,4\}, \quad [3] = \{3\}$$
である．したがって，R による A の商は，
$$A/R = \{[1],[3]\}$$
である．

2.7 整数を 7 で割った余りは，0, 1, 2, 3, 4, 5, 6 のいずれかであるから，$\equiv \pmod{7}$ による剰余類によって，
$$\boldsymbol{Z} = [0] \cup [1] \cup [2] \cup [3] \cup [4] \cup [5] \cup [6]$$
と分割される．

また，$-55 = 7 \times (-8) + 1$ より $-55 \in [1]$, $55 = 7 \times 7 + 6$ より $55 \in [6]$.

2.8 以下の図参照.

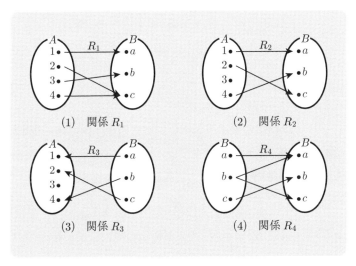

図　演習問題 2.8 の関係

(1)　A の各要素に対応する B の要素がただ 1 つ存在するので，関係 R_1 は A から B への関数である．

A の 2 つの要素 2, 4 が B の要素 c に対応しているので，単射ではない．また，B の各要素が A のある要素の像となっているので，全射である．

関数 $R_1: A \to B$ の像は，$R_1(A) = \{a, b, c\}$.

(2)　A の要素 3 に対応する B の要素が存在しないので，関係 R_2 は A から B への関数ではない．

(3)　A の各要素に対応する B の要素がただ 1 つ存在するので，関係 R_3 は B から A への関数である．

B の各要素に対応する A の要素がそれぞれ異なるので，単射である．また，A の要素 3 には B の要素がどれも対応していないので，全射ではない．

関数 $R_3: B \to A$ の像は，$R_3(B) = \{1, 2, 4\}$.

(4)　B の要素 b に対応する B の要素が a, c の 2 つあるので，関係 R_4 は B 上の関数ではない．

2.9 有理数とは，2 つの整数 x, y（ただし，$y \neq 0$）を用いて，$\dfrac{x}{y}$ という分数で表せる数のことである．そこで，有理数全体の集合 $\boldsymbol{Q}$ は，次のように表すことができる．

$$Q = \left\{\frac{n}{m} \;\middle|\; m \in \mathbf{Z} \text{ かつ } m \neq 0, n \in \mathbf{Z}\right\}$$
$$= \left\{\frac{n}{-m} \;\middle|\; m \in \mathbf{N}, n \in \mathbf{Z}\right\} \cup \left\{\frac{n}{m} \;\middle|\; m \in \mathbf{N}, n \in \mathbf{Z}\right\}$$
$$= \left\{\frac{1-n}{-m} \;\middle|\; m \in \mathbf{N}, n \in \mathbf{N}\right\} \cup \left\{\frac{n}{-m} \;\middle|\; m \in \mathbf{N}, n \in \mathbf{N}\right\}$$
$$\cup \left\{\frac{1-n}{m} \;\middle|\; m \in \mathbf{N}, n \in \mathbf{N}\right\} \cup \left\{\frac{n}{m} \;\middle|\; m \in \mathbf{N}, n \in \mathbf{N}\right\}$$

ここで,
$$\left\{\frac{n}{m} \;\middle|\; m \in \mathbf{N}, n \in \mathbf{N}\right\} = \left\{\frac{n}{1} \;\middle|\; n \in \mathbf{N}\right\} \cup \left\{\frac{n}{2} \;\middle|\; n \in \mathbf{N}\right\} \cup \cdots$$

であり,定理 2.4 より,可算無限個の可算集合の和集合も可算集合であるから,$\left\{\frac{n}{m} \;\middle|\; m \in \mathbf{N}, n \in \mathbf{N}\right\}$ は可算集合である.

同様にして,$\left\{\frac{1-n}{-m} \;\middle|\; m \in \mathbf{N}, n \in \mathbf{N}\right\}$, $\left\{\frac{n}{-m} \;\middle|\; m \in \mathbf{N}, n \in \mathbf{N}\right\}$, $\left\{\frac{1-n}{m} \;\middle|\; m \in \mathbf{N}, n \in \mathbf{N}\right\}$ も可算集合であることを示せる.したがって,Q も可算集合である.

● 第 3 章

3.1 (1) 命題であり,真である. (2) 命題でない.
(3) 命題でない. (4) 命題であり,偽である.

3.2 真理表は以下の表のとおり.

表 演習問題 3.2 の真理表

(1) $(p \vee q) \wedge (\neg r)$

p	q	r	$p \vee q$	$\neg r$	$(p \vee q) \wedge (\neg r)$
T	T	T	T	F	F
T	T	F	T	T	T
T	F	T	T	F	F
T	F	F	T	T	T
F	T	T	T	F	F
F	T	F	T	T	T
F	F	T	F	F	F
F	F	F	F	T	F

(2) $\neg((p \wedge (q \vee r))$

p	q	r	$q \vee r$	$p \wedge (q \vee r)$	$\neg((p \wedge (q \vee r))$
T	T	T	T	T	F
T	T	F	T	T	F
T	F	T	T	T	F
T	F	F	F	F	T
F	T	T	T	F	T
F	T	F	T	F	T
F	F	T	T	F	T
F	F	F	F	F	T

演習問題解答　　　　　　　　　　**135**

3.3 真理表は以下の表のとおり．

表　演習問題 3.3 の真理表

p	q	$\neg p$	$\neg q$	$p \wedge \neg q$	$\neg p \wedge q$	$p \oplus q$
T	T	F	F	F	F	F
T	F	F	T	T	F	T
F	T	T	F	F	T	T
F	F	T	T	F	F	F

3.4 真理表は以下の表のとおり．

表　演習問題 3.4 の命題の真理表

(1)　$(p \vee q) \wedge (\neg p)$

p	q	$p \vee q$	$\neg p$	$(p \vee q) \wedge (\neg p)$
T	T	T	F	F
T	F	T	F	F
F	T	T	T	T
F	F	F	T	F

(2)　$(p \vee q) \vee (\neg q)$

p	q	$p \vee q$	$\neg q$	$(p \vee q) \vee (\neg q)$
T	T	T	F	T
T	F	T	T	T
F	T	T	F	T
F	F	F	T	T

(3)　$(\neg p \wedge q) \wedge p$

p	q	$\neg p$	$\neg p \wedge q$	$(\neg p \wedge q) \wedge p$
T	T	F	F	F
T	F	F	F	F
F	T	T	T	F
F	F	T	F	F

(1) 恒真命題でも矛盾命題でもない．
(2) 恒真命題である．
(3) 矛盾命題である．

3.5 (4) 命題 p, q, r の各真理値に対して真理表を作成すると，以下の表 (4) のようになる．左辺の最終結果 ② と右辺の最終結果 ③′ の真理値は全く同じであるから，(4) の第 2 式が成立する．

(8) 真理表は以下の表 (8) のとおりである．左辺の最終結果 ② と右辺の最終結果 ③′ の真理値は全く同じであるから，(8) の第 2 式が成立する．

表 定理 3.1 (4), (8) 第 2 式の真理表

(4) $(p \wedge q) \vee r \equiv (p \vee r) \wedge (q \vee r)$

p	q	r	$(p \wedge q) \vee r$		$(p \vee r) \wedge (q \vee r)$		
			①	②	①′	③′	②′
T	T	T	T	T	T	T	T
T	T	F	T	T	T	T	T
T	F	T	F	T	T	T	T
T	F	F	F	F	T	F	F
F	T	T	F	T	T	T	T
F	T	F	F	F	F	F	T
F	F	T	F	T	T	T	T
F	F	F	F	F	F	F	F

(8) $\neg(p \wedge q) \equiv (\neg p) \vee (\neg q)$

p	q	$\neg(p \wedge q)$		$(\neg p) \vee (\neg q)$		
		②	①	①′	③′	②′
T	T	F	T	F	F	F
T	F	T	F	F	T	T
F	T	T	F	T	T	F
F	F	T	F	T	T	T

3.6 それぞれ，以下のようにして導ける．

(1) $(p \vee q) \wedge p$
  $\equiv (p \vee q) \wedge (p \vee \mathrm{F})$　　（同一律 $p \vee \mathrm{F} \equiv p$ より）
  $\equiv p \vee (q \wedge \mathrm{F})$　　（分配律より）
  $\equiv p \vee \mathrm{F}$　　（同一律 $q \wedge \mathrm{F} \equiv \mathrm{F}$ より）
  $\equiv p$　　（同一律より）

(2) $(p \wedge q) \vee p$
  $\equiv (p \wedge q) \vee (p \wedge \mathrm{T})$　　（同一律 $p \wedge \mathrm{T} \equiv p$ より）
  $\equiv p \wedge (q \vee \mathrm{T})$　　（分配律より）
  $\equiv p \wedge \mathrm{T}$　　（同一律 $q \vee \mathrm{T} \equiv \mathrm{T}$ より）
  $\equiv p$　　（同一律より）

3.7 真理表は次の表のとおりである．左辺の最終結果 ② と右辺の最終結果 ②′ の真理値が全く同じであるから，(2) の式

$$\neg(p \rightarrow q) \equiv p \wedge (\neg q)$$

が成立する．

表 定理 3.2 (2) の真理表

p	q	$\neg(p \to q)$		$p \wedge (\neg q)$	
		②	①	②′	①′
T	T	F	T	F	F
T	F	T	F	T	T
F	T	F	T	F	F
F	F	F	T	F	T

3.8 (1) $\forall x \in \boldsymbol{R}, x^2 \geq 0$
(2) $\exists x \in \boldsymbol{R}, x^2 - x - 2 \leq 0$
(3) $\forall x \in \boldsymbol{Z}, \exists y \in \boldsymbol{Z}, \dfrac{x}{y} \in \boldsymbol{Z}$

3.9 (1) 対偶法,つまり,論法
$$(\neg q) \to (\neg p) \Rightarrow p \to q$$
によって証明を行う.

前提 $(\neg q) \to (\neg p)$ が真であることは,次のようにして導ける.

$\neg q \Rightarrow m^2 + n^2$ は偶数

$\Rightarrow [\,m^2, n^2$ は共に偶数$\,]$ または $[\,m^2, n^2$ は共に奇数$\,]$

$\Rightarrow [\,m, n$ は共に偶数$\,]$ または $[\,m, n$ は共に奇数$\,]$

$\Rightarrow [\,m+n$ は偶数$\,]$ または $[\,m+n$ は偶数$\,]$

$\Rightarrow m+n$ は偶数 $= \neg p$

よって,結論 $p \to q$ が示された.

(2) 背理法,つまり,
$$p \wedge (\neg q) = F \Rightarrow p \to q$$
によって証明を行う.これは,$p \wedge (\neg q)$ が矛盾命題であることを示せばよい.

$p \wedge (\neg q) \Rightarrow [\,m+n$ は奇数$\,]$ かつ $[\,m^2 + n^2$ は偶数$\,]$

$\Rightarrow [\,(m+n)^2$ は奇数$\,]$ かつ $[\,m^2 + n^2$ は偶数$\,]$

$\Rightarrow [\,m^2 + n^2 + 2mn$ は奇数$\,]$ かつ $[\,m^2 + n^2$ は偶数$\,]$

$\Rightarrow 2mn$ は奇数 $= F$ (矛盾)

よって,結論 $p \to q$ が示された.

3.10 (1) 命題中の等式を
$$P(n) = \left[\sum_{i=1}^{n} i = \frac{n(n+1)}{2}\right]$$
とおく．

(i)（帰納法の基礎）$n=1$ のとき，$P(1)$ の左辺は 1，右辺は $\frac{1 \cdot 2}{2} = 1$ であり，$P(1) = \mathrm{T}$ である．

(ii)（帰納ステップ）$n = k$ $(k \geq 1)$ のとき，$P(k) = \mathrm{T}$ と仮定する（帰納法の仮定）．つまり，
$$P(k) = \left[\sum_{i=1}^{k} i = \frac{k(k+1)}{2}\right]$$
が成立していると仮定する．

$n = k+1$ のとき，$P(k+1)$ の左辺は，帰納法の仮定を使って，
$$\sum_{i=1}^{k+1} i = \sum_{i=1}^{k} i + (k+1) = \frac{k(k+1)}{2} + (k+1)$$
$$= \left(\frac{k}{2} + 1\right)(k+1) = \frac{(k+1)(k+2)}{2}$$
と変形され，これは $P(k+1)$ の右辺に等しい．これより，$P(k+1) = \mathrm{T}$ であるから，任意の $n \in \boldsymbol{N}$ に対して $P(n) = \mathrm{T}$ である．

(2) 命題中の等式を
$$P(n) = \left[\sum_{i=1}^{n} i^2 = \frac{n(n+1)(2n+1)}{6}\right]$$
とおく．

(i) $n = 1$ のとき，$P(1)$ の左辺は 1，右辺は $\frac{1 \cdot 2 \cdot 3}{6} = 1$ であり，$P(1) = \mathrm{T}$ である．

(ii) $n = k$ $(k \geq 1)$ のとき，$P(k) = \mathrm{T}$ と仮定する（帰納法の仮定）．つまり，
$$P(k) = \left[\sum_{i=1}^{k} i^2 = \frac{k(k+1)(2k+1)}{6}\right]$$
が成立していると仮定する．

$n = k+1$ のとき，$P(k+1)$ の左辺は，帰納法の仮定を使って，
$$\sum_{i=1}^{k+1} i^2 = \sum_{i=1}^{k} i^2 + (k+1)^2 = \frac{k(k+1)(2k+1)}{6} + (k+1)^2$$

$$= \left\{\frac{k(2k+1)}{6} + \frac{6(k+1)}{6}\right\}(k+1) = \left(\frac{2k^2+7k+6}{6}\right)(k+1)$$

$$= \left\{\frac{(k+2)(2k+3)}{6}\right\}(k+1) = \frac{(k+1)(k+2)\{2(k+1)+1\}}{6}$$

と変形され，これは $P(k+1)$ の右辺に等しい．これより，$P(k+1) = \mathrm{T}$ であるから，任意の $n \in \boldsymbol{N}$ に対して $P(n) = \mathrm{T}$ である．

●第 4 章

4.1 以下の計算により確かめることができる．
$4 = 2+2,\ 6 = 3+3,\ 8 = 3+5,\ 10 = 5+5 = 3+7,\ 12 = 5+7,$
$14 = 7+7 = 3+11,\ 16 = 3+13,\ 18 = 5+13,\ 20 = 3+17 = 7+13$

4.2 最大公約数が 6 だから，2 数を $6a, 6b$ とおくと，a, b は互いに素となる．このとき $6a + 6b = 6(a+b) = 54$ より，$a + b = 9$ が得られる．9 を互いに素な 2 つの自然数の和に分けると，$(1,8), (2,7), (4,5)$ の 3 組となるから，求める 2 つの自然数は $(6, 48), (12, 42), (24, 30)$ となる．

4.3 2 数を $29a, 29b$（ただし，a, b は互いに素）とおくと，$29ab = 4147$ となる．よって $ab = 143 = 11 \times 13$ となり，a, b は $(1, 143), (11, 13)$ と求まるが，3 桁の自然数を求めているので，後者より $(319, 377)$ が求める 2 つの自然数となる．

4.4 k を整数とするとき，
$$ac - bc \equiv (a-b)c = mk$$
と表せるから，c と m が互いに素であれば $a - b$ が m の倍数でなければならない．すなわち，$a \equiv b \pmod{m}$ が成り立つ．

4.5 奇数は $2k+1$ と表すことができる．ただし，k は整数とする．このとき，
$$(2k+1)^2 = 4k^2 + 4k + 1 = 4k(k+1) + 1$$
となる．k または $k+1$ のどちらか一方は偶数なので，$k(k+1)$ は 2 の倍数となるから，$4k(k+1)$ は 8 の倍数である．よって，$(2k+1)^2$ を 8 で割れば 1 余る．

4.6 連続した 3 つの奇数は，k を整数とするとき，$2k-1, 2k+1, 2k+3$ とおくことができる．これらの平方に 1 を加えた値は，
$$(2k-1)^2 + (2k+1)^2 + (2k+3)^2 + 1 = 12\{k(k+1) + 1\}$$
となり，これは 12 で割り切れる．しかし，$k(k+1) + 1$ が奇数であるため，$12\{k(k+1) + 1\}$ は 24 では割り切れない．

4.7 n を 6 で割った商を p, 余りを r とし, $n = 6p+r$ と表す. ただし $0 \leq r < 6$ とする. ここで, n^3 を 6 で割った余りも r となるための条件を考えてみよう. $n^3 = 6q+r$ と表せば, $n^3 - n = 6(p-q)$ となるので, $n^3 - n$ が 6 の倍数となればよい.

$$n^3 - n = (n-1)n(n+1)$$

であるが, これは連続する 3 つの整数の積であり, これら 3 数の中には, 必ず, 偶数 1 個と 3 の倍数 1 個が含まれているので, $(n-1)n(n+1)$ は 6 の倍数である. よって, n を 6 で割った余りと, n^3 を 6 で割った余りは等しいことが示された.

4.8 k を整数とするとき, $5k+2$ または $5k+3$ と表される数は完全平方数でないことを示せばよい. したがって, 任意の整数を平方したときに, それを 5 で割ったときの余りが 2 や 3 になることはないことを示せばよい. 任意の整数は, $5k, 5k+1, 5k+2, 5k+3, 5k+4$ のいずれかの形で表すことができる. これらを平方すると,

$$(5k)^2 = 5(5k^2), \quad (5k+1)^2 = 5(5k^2 + 2k) + 1,$$
$$(5k+2)^2 = 5(5k^2 + 4k) + 4,$$
$$(5k+3)^2 = 5(5k^2 + 6k + 1) + 4,$$
$$(5k+4)^2 = 5(5k^2 + 8k + 3) + 1$$

となる. これらの数を 5 で割ると, 余りは $0, 1, 4$ のいずれかであり, 余りが 2 または 3 になることはない. よって題意は示された.

4.9
$$n^5 - n = n(n-1)(n+1)(n^2+1)$$

であるが, $n(n-1)(n+1)$ は連続する 3 つの整数の積なので, 必ず 6 で割り切れる. $30 = 5 \times 6$ なので, 後は, $n^5 - n$ が 5 で割り切れることがいえればよい. k を整数とするとき, 任意の整数は, $n = 5k-2, 5k-1, 5k, 5k+1, 5k+2$ のいずれかの形で表現できる. このとき, $n = 5k$ であれば n 自身が 5 の倍数であり, $n = 5k-1$ であれば $n+1$ が, $n = 5k+1$ であれば $n-1$ が, それぞれ 5 の倍数となる. 一方, $n = 5k-2$ のときは, $n^2 + 1 = 5(5k^2 - 4k + 1)$ が 5 の倍数となり, $n = 5k+2$ のときも, $n^2 + 1 = 5(5k^2 + 4k + 1)$ が 5 の倍数となる.

よって, $n^5 - n$ は常に 5 の倍数であり, 5 と 6 の両方を因数に持つことがわかったので, 30 の倍数であることが示された.

4.10 素数 p は，2 つの整数の積で表現すると，$1 \times p$ という形以外はあり得ない．
$$x^4 + 4 = (x^2 + 2x + 2)(x^2 - 2x + 2)$$
であるので，$x^4 + 4$ が素数になるためには，2 つの因数のうちのどちらかが，± 1 であることが必要である．

そこで，$(x^2 + 2x + 2) = \pm 1, (x^2 - 2x + 2) = \pm 1$ の 4 つの方程式の整数解を求めると，$x = \pm 1$ が得られる．実際，$x = \pm 1$ のとき，$x^4 + 4 = 5$ となり，確かに素数になっている．

● 第 5 章

5.1 $V = \{1, 2, 3, 4, 5, 6, 7, 8, 9\}$,
$E = \{(1,2), (1,3), (1,4), (2,5), (2,6), (3,7), (4,8), (4,9)\}$

5.2 $V = \{1, 2, 3, 4, 5, 6, 7, 8, 9\}$,
$E = \{\{1,2\}, \{1,3\}, \{2,4\}, \{2,5\}, \{3,7\}, \{5,6\}, \{8,9\}\}$

5.3 パーティの参加者同士が握手をした状況を，以下のようなグラフで表すことを考える．まず，パーティの各参加者を 1 つの頂点で表し，次に，参加者 a と b が握手をしたとき，かつ，そのときに限り，頂点 a と b を辺で結ぶことにする．すると，このグラフ内における頂点 a の次数は，参加者 a が行った握手の回数と一致する．例題 5.1 の結果より，グラフ内のすべての頂点の次数の総和は偶数である．したがって，上のグラフ内に次数が奇数の頂点があれば，その個数が奇数だと次数の総和が偶数にならないので，その個数は偶数でなければならない．以上により，題意は示された．

5.4 問題 5.3 の解答で述べたような，パーティ参加者の握手の状況を示す 67 頂点からなるグラフを考えよう．もし，このパーティの参加者が全員奇数回しか握手をしていないとすると，上のグラフの次数の総和も奇数となるが，これは例題 5.1 の結果に矛盾する．したがって，このパーティの参加者の中には偶数回握手した人が必ず存在する．

5.5 G 内の奇頂点の個数が奇数だと，これらの頂点の次数の総和は奇数になる．G 内のその他の頂点はすべて偶頂点なので，これらの頂点の次数の総和は偶数になる．すると，G 内の奇頂点と偶頂点の次数の総和が奇数となってしまい，例題 5.1 の結果に反する．

また，もし，偶頂点の個数が偶数だと，それらの頂点の次数の総和は偶数となる．G は奇数個の頂点からなるので，偶頂点の個数が偶数であれば，奇頂点の個数は奇数でなければならない．すると，奇頂点の次数の総和は奇数となり，G 内の奇頂点と偶頂点の次数の総和が奇数となってしまうため，例

題 5.1 の結果に反する.

以上のことから, 題意は示された.

5.6 n 個の部屋全部に 1 人ずつしか入れないと, 部屋に入れた人は全部で n 人にしかならない. 部屋の個数の方が, 部屋に入る人の人数よりも少ないので, 2 人以上入る部屋を作らないと, 全員を部屋に収容することはできない.

5.7 このサークルには, 全部で n 人の部員がいるものとする. このとき, 友人の人数ごとに部屋を用意し, 各部員は自分の友人数の部屋に入ることにする. 例えば, 友人が k 人いる部員は, k 番目の部屋に入るものとする. 友人が 0 人の部員は, このサークルにはいないので, 友人の数は 1 から $n-1$ である. そこで, 1 番目から $n-1$ 番目までの $n-1$ 個の部屋を用意するが, そこに, n 人の部員に入ってもらうので, 問題 5.6 に示した結果から, 少なくとも 2 人の部員が同じ部屋に入ることになる. その 2 人の部員は, 友人の人数が等しい. よって, 題意は示された.

5.8 グラフ内の各頂点を, その次数に対応した部屋に入れることを考え, 問題 5.7 の結果を応用してみよう. すなわち, グラフ内の頂点を部員と対応させ, 頂点の次数を部員の友人数に対応させて考えるのである. すると, 問題 5.7 の議論から, 次数 0 の頂点が存在しない場合には, すでに題意は示されている.

次に, グラフが次数 0 の頂点を少なくとも 1 個は含む場合を考える. もし, 次数 0 の頂点が 2 個以上存在すると, そのグラフ内に, 次数が等しい 2 頂点が存在したことになる. そこで, このグラフ内には, 次数 0 の頂点が 1 個しか存在しないものとする. すると, その頂点は他のどの頂点とも辺で結ばれていないので, グラフ内で最も次数の高い頂点の次数は, 高々 $n-2$ である. そこで, 1 番目から $n-2$ 番目までの箱に, 次数 0 の頂点を除く $n-1$ 個の頂点を入れることになるが, そうすると, 少なくとも 2 個の頂点が同じ箱に入ることになる. よって題意は示された.

5.9 T は連結グラフなので, T の任意の 2 頂点 u, v に対して, u, v を結ぶパス P が存在する. パス P に辺 $\{u, v\}$ を加えたパスは閉路となる. また, 辺 $\{u, v\}$ を加えたことで, 閉路が 2 個存在するようになったとすると, そもそも T の頂点 u と v を結ぶパスが 2 本存在したことになり, その 2 本のパスが閉路を構成するので, T に閉路が存在したことになり矛盾である.

5.10 まず, 条件より, G は連結グラフである. さらに, もし G が閉路を含むと, 閉路上の 2 点が 2 つの異なるパスで結ばれていることになるので, G は閉路を含まない. よって, G は閉路を含まない連結グラフ, すなわち, 木である.

演習問題解答　　　　　　　　　　　　　**143**

● 第 6 章

6.1 $x \times y$ を加算だけで行うアルゴリズムは，「y を x 回足し合わせる」と表現できる．また，このアルゴリズムを用いると，

$$7 \times (-2) = (-2) + (-2) + (-2) + (-2) + (-2) + (-2) + (-2)$$
$$= -14$$

と求まる．

6.2 x と y の符号を除去した 2 整数に対して，問題 6.1 のアルゴリズムを適用してそれらの積を求め，その後に，x と y の積が持つ正しい符号を付与する．

6.3 アルゴリズム Power3 を，$x = 3$, $m = 10$ に対して実行したときの，変数 k と p の値の変化の様子を以下の表に示す．

表　Power3 による 3^{10} の値の計算

k	1	2	4	8	9	10
p	3	9	81	6561	19683	59049

　まず，Power3 の 1, 2 行目が実行され，上の表の左から 2 列目にあるように，$p = 3$, $k = 1$ と設定される．その後，4, 5 行目が 3 回実行されて，その結果，$p = 6561$, $k = 8$ となる．この時点で $2k > m$ となるので，これ以後は，$k = 9, 10$ に対して，7, 8 行目が実行されて，最終的に出力値として $p = 59049$ が求まる．

6.4 $m = 17$ のとき，7 行目の乗算は 1 回実行される．また，$m = 25$ のときは 9 回，$m = 32$ のときは 0 回，7 行目の乗算がそれぞれ実行される．

6.5 $m = 2^k + l$ のとき，Power3 の 7 行目の乗算は l 回実行される．

6.6 $N = 51$ のときは，3 行目を 1 回目に実行した際に $x = 3$ で 51 が割り切れてしまうので，その時点で Factoring の実行は終了し $x = 3$ が出力される．

　一方，$N = 53$ のときは，$\sqrt{53} \approx 7.28$ なので，x の値を 3, 5, 7 と変化させながら，各値で 53 を割っていくが，割り切れることはないので，実行は終了し「非自明な因数は無し」と出力される．

6.7 アルゴリズム Euclid を，$x = 2796$, $y = 422$ に対して実行したときの変数 x, y, q, r の値の変化の様子を以下の表に示す．

　以上の処理より，最大公約数として 2 が求まる．

表　Euclid による最大公約数の計算

4〜7 行目の実行回数	x	y	q	r
1 回目	2796	422	6	264
2 回目	422	264	1	158
3 回目	264	158	1	106
4 回目	158	106	1	52
5 回目	106	52	2	2
6 回目	52	2	26	0

6.8 3 行目の割り算を行ったときの商が 0 となり，余り r が x 自身となるので，6, 7 行目で x と y の値が入れ替えられる．

6.9 $a = 0$ のときは，上述の問題 6.8 の場合と同様に，1 回目の実行時に x と y の値が入れ替えられる．

$b = 0$ のときは，1 回目の実行時に $y = 0$ となるため，即座に実行が停止され x の値が出力される．

6.10 $k = 3$ のときは，3 頂点集合 $\{1,2,3\}$, $\{1,2,4\}$, $\{1,2,5\}$, $\{1,2,6\}$, $\{1,3,4\}$, $\{1,3,5\}$, $\{1,3,6\}$, $\{1,4,5\}$, $\{2,3,4\}$, $\{2,3,5\}$, $\{2,4,5\}$, $\{3,4,5\}$, $\{4,5,6\}$ それぞれについて 3-クリークを構成しているか否かがチェックされる．今の場合，頂点集合 $\{1,2,5\}$ が 3-クリークを形成していることがわかるので，Yes が出力される．

一方，$k = 4$ のときは，4 頂点集合 $\{1,2,3,4\}$, $\{1,2,3,5\}$, $\{1,2,3,6\}$, $\{1,2,4,5\}$, $\{1,2,4,6\}$, $\{1,3,4,5\}$, $\{2,3,4,5\}$, $\{3,4,5,6\}$ それぞれについて 4-クリークを構成しているか否かがチェックされる．今の場合，4-クリークは発見されないので，No が出力される．

● 第 7 章

7.1 $x = 10^{100}$ である．

7.2 $\log_a x = p$, $\log_a y = q$ とおくと，$x = a^p$, $y = a^q$ となる．このとき，
$$\frac{x}{y} = \frac{a^p}{a^q} = a^{p-q}$$
となる．よって，
$$\log_a \frac{x}{y} = p - q = \log_a x - \log_a y$$
が成り立つ．

7.3 $a^{\log_b c} = X$ とおき,両辺の底 b の対数を取ると,
$$\log_b c \log_b a = \log_b X$$
となる.同様に,$c^{\log_b a} = Y$ とおき,両辺の底 b の対数を取ると,
$$\log_b a \log_b c = \log_b Y$$
となる.よって,$\log_b X = \log_b Y$ となるので,$X = Y$ であることが導かれた.

7.4 $\log_a M = m$ とおくと,$M = a^m$ である.このとき,
$$\log_b M = \log_b a^m = m \log_b a$$
である.よって,
$$m = \frac{\log_b M}{\log_b a}$$
となるので,
$$\log_a M = \frac{\log_b M}{\log_b a}$$
が成り立つ.

7.5 0, 1, 2, 3, 4, 5, 6 の 7 個の数字を用いて,3 桁の奇数を表現することを考えよう.100 の位には 1, 2, 3, 4, 5, 6 の 6 通りの選び方がある.その各々に対して,10 の位には 0, 1, 2, 3, 4, 5, 6 の 7 通りの選び方がある.さらに,その各々に対して,1 の位には 1, 3, 5 の 3 通りの選び方がある.よって,3 桁の奇数は全部で,$6 \times 7 \times 3 = 126$ 個作ることができる.

7.6 隣り合う女子 3 人をひとかたまりと見て,このひとかたまりの女子と男子 5 人を一列に並べる仕方は ${}_6P_6 = 6!$ 通りある.その各々に対して,隣り合っている女子 3 人の並べ方が ${}_3P_3 = 3!$ 通りあるので,求める総数は,
$$6! \times 3! = 4320 \quad (通り)$$
となる.

7.7 男子 7 人の中から 3 人を選び出す方法は全部で ${}_7C_3$ 通りあり,その各々に対して女子 6 人の中から 1 人を選び出す方法は ${}_6C_1$ 通りある.よって,求める選び方の総数は,
$${}_7C_3 \times {}_6C_1 = 210 \quad (通り)$$
となる.

7.8 求める方法は,全部で 13 人から 4 人を選ぶ仕方から,男子だけから 4 人を選ぶ ${}_7C_4$ 通りと,女子だけから 4 人を選ぶ ${}_6C_4$ 通りを除いたもので,${}_{13}C_4 - {}_7C_4 - {}_6C_4 = 665$ 通りである.

7.9 フルハウスの手を考える際に，カードの選び方の順番は関係しないので，最初に3枚組を選び，次に2枚組を選ぶことにしよう．まず，3枚組の最初のカードは何でもよいので，その選び方は52通りである．続く2枚目カードの選び方は3通りしかない．なぜなら，1枚目のカードと同じ数字のカードは3枚しか残っていないからである．したがって，3枚目のカードの選び方は2通りとなる．続く4枚目のカードは，1枚目のカードと数字が異なるカードなら何でもよいので，その選び方は $52 - 4 = 48$ 通りである．このとき，5枚目のカードの選び方は3通りとなる．ここで注意を要するのは，以上の数え方だと，3枚組や2枚組の中でカードを並べかえたものも，1回ずつ数えてしまっている点である．例えば，3枚組については，同一のカードの組合せを3!回数えてしまっている．この点を考慮すると，異なるフルハウスの個数は，以下のように求まる．

$$\frac{(52 \times 3 \times 2) \times (48 \times 3)}{3! \times 2!} = 3744 \quad (通り)$$

7.10 ハミルトン経路問題への入力となる無向グラフ G が与えられたときに，G に新たな2頂点 s と t を追加し，s と t を G 内のすべての頂点と結ぶ辺を追加したグラフを G' と呼ぶ．このとき，G' が s-t ハミルトン経路を含む必要十分条件は，G がハミルトン経路を含むことであることを容易に示すことができる．すなわち，G から G' を構成する過程が，ハミルトン経路問題から s-t ハミルトン経路問題への多項式時間還元可能になっている．

参 考 文 献

第 1～3 章
[1] Seymour Lipschutz 著，成嶋弘 監訳，『マグロウヒル大学演習―離散数学 コンピュータサイエンスの基礎数学』，オーム社（1995）．
[2] 尾関和彦，『情報技術のための離散系数学入門』，共立出版（2004）．
[3] 石村園子，『やさしく学べる離散数学』，共立出版（2007）．

第 4 章
[4] 岡本栄司，『暗号理論入門』，共立出版（2002）．
[5] 一松信，『暗号の数理―作り方と解読の原理』，講談社（2005）．

第 5 章
[6] David Easley, Jon Kleinberg 著，浅野孝夫，浅野泰仁 訳，『ネットワーク・大衆・マーケット―現代社会の複雑な連結性についての推論』，共立出版（2013）．

第 5, 6 章
[7] Jon Kleinberg, Eva Tardos 著，浅野孝夫，浅野泰仁，小野孝男，平田富夫 訳，『アルゴリズムデザイン』，共立出版（2008）．

第 7 章
[8] 西野哲朗，『P = NP？問題へのアプローチ』，日本評論社（2009）．

索引

● あ行 ●

アルゴリズム 92, 106
1対1 31
1対1対応 31
入次数 80
上への 31
裏 50
オイラー閉路 82
オイラー路 82
親 82

● か行 ●

外延的記法 2
可逆 31
可算濃度 34
可算（無限）集合 34
可付番集合 34
ガロア体 69
含意 45
還元可能 118
還元可能性 118
関数 29
完全グラフ 80, 100
木 81
偽 38
帰納ステップ 56
帰納法の仮定 56
帰納法の基礎 56
基本操作 106
基本命題 40
逆 50
逆関係 20
逆関数 31

吸収律 14, 58
共通部分集合 8
強連結 81
距離 81, 84
空集合 4
組合せ 115
クリーク 100
クリーク問題 100
計算時間 106
計算モデル 106
計算量理論 106
結合律 10, 43
結論 51
元 2
限定記号 49
子 82
交換律 10, 43
恒真命題 42
合成 18
恒等関数 30
合同式 62
ゴールドバッハ予想 75
孤立 80
コントラディクション 42

● さ行 ●

差集合 8
三段論法 51
始域 29
次数 80
子孫 82
始点 78
弱連結 81

索　引

写像　29
終域　29
集合　2
集合族　7
集合のクラス　7
集合の類　7
充足可能性判定問題　123
終点　78
十分条件　45
述語　47
順　50
順序対　16
順列　115
商　22
条件（付き）命題　45
証明　51
剰余類　27
真　38
真部分集合　4
真理値　38
真理値表　39
真理表　39
推移的　21
推移律　21
数学的帰納法　56
スモールワールド現象　88
成立する　38
積集合　8
セル　24
選言　39
全射　31
全称記号　48
全体集合　4
全単射　31

前提　51
層　84
像　30
属する　2
祖先　82
存在記号　48

● た行 ●

体　69
第1成分　16
第2成分　16
対角線論法　34, 54
対偶　50
対偶法　51
対合律　10, 43
対称差集合　13
対称的　21
対称律　21
対数関数　108
代表元　22
互いに素　9
多項式時間　109
多重辺　79
妥当　51
単射　31
単純　81
単純グラフ　79
値域　30
頂点　78
直積　16
直積集合　16
定義域　29
デカルト積　16
出次数　80

同一律　10, 43
同値　43, 45
同値関係　22
同値類　22
トートロジー　42
独立集合問題　120
ド・モルガンの法則　10, 43

● な行 ●

内部頂点　82
内包的記法　3
成り立つ　38
2項関係　18
入力サイズ　106
根　82
根付き木　82
濃度　34

● は行 ●

葉　82
排他的選言　58
排他的論理和　58
背理法　34, 51
パス　81
幅優先探索　84
幅優先探索木　85
ハミルトン経路問題　125
ハミルトン閉路　82
ハミルトン路　82
反射的　21
反射律　21
反対称的　21
反対称律　21
判定問題　101, 109

必要十分条件　45
必要条件　45
等しい　4, 30
非連結グラフ　81
フェルマーの小定理　70
複合命題　40
含まれる　4
含む　4
部分集合　4
普遍集合　4
ブロック　24
分割　24
分配律　10, 43
ペアノの公理　56
閉路　81
べき集合　7
べき等律　10, 43
辺　78
ベン図　4
法として合同　27, 62
補グラフ　120
補元律　10, 43
補集合　8

● ま行 ●

無限集合　6
無向グラフ　78
矛盾命題　42
命題　38
命題関数　47
命題結合記号　39
命題論理　38

● や行 ●

ユークリッドの互除法　65, 98, 107

有限集合　6
有限体　69
有向グラフ　78
有向パス　81
有向閉路　81
余域　29
要素　2

● ら行 ●

ラメの定理　99
離散集合　34
隣接する　78
ループ　79
連結　81
連結成分　87
連言　39
連続濃度　34
6 次の隔たり　88
論法　51
論理演算　39
論理関数　46
論理記号　39

論理積　39
論理同値　43
（論理）否定　40
論理変数　46
論理和　39

● わ行 ●

和集合　8

● 欧字 ●

A 上の関係　18
A 上の関数　29
k-クリーク問題　116
NP 完全　122
NP 困難　122
n 重対　16
$P = NP$? 問題　117
RSA 公開鍵暗号　72
R の関係　18
s-t ハミルトン経路問題　125
s-t 連結性　84

著者略歴

西 野 哲 朗 (にしの てつろう)

1984 年　早稲田大学大学院理工学研究科博士前期課程修了
　　　　日本アイ・ビー・エム株式会社，東京電機大学助手，
　　　　北陸先端科学技術大学院大学助教授，電気通信大学助教授を経て
現　　在　電気通信大学大学院情報理工学研究科教授　理学博士
主要著書　「量子コンピュータと量子暗号」(岩波書店，2002)
　　　　　「P＝NP？問題へのアプローチ」(日本評論社，2009)
　　　　　「応用オートマトン工学」(共著，コロナ社，2012) 他

若 月 光 夫 (わかつき みつお)

1993 年　電気通信大学大学院電気通信学研究科博士後期課程修了
　　　　電気通信大学電気通信学部助手，助教を経て
現　　在　電気通信大学大学院情報理工学研究科助教　博士(工学)
主要著書　「UNIX コンピュータリテラシー ── ネットワーク時代の計算機
　　　　　利用とモラル」(共著，共立出版，1997)
　　　　　「応用オートマトン工学」(共著，コロナ社，2012)

グラフィック情報工学ライブラリ＝GIE-2
情報工学のための 離散数学入門

2015 年 8 月 25 日 ⓒ　　　　　初 版 発 行

著　者　西野哲朗　　　発行者　矢沢和俊
　　　　若月光夫　　　印刷者　林　初彦

【発行】　　株式会社　数 理 工 学 社
〒151-0051　東京都渋谷区千駄ヶ谷 1 丁目 3 番 25 号
編集　☎ (03)5474-8661 (代)　　サイエンスビル

【発売】　　株式会社　サ イ エ ン ス 社
〒151-0051　東京都渋谷区千駄ヶ谷 1 丁目 3 番 25 号
営業　☎ (03)5474-8500 (代)　振替 00170-7-2387
FAX　☎ (03)5474-8900

印刷・製本　太洋社
《検印省略》

本書の内容を無断で複写複製することは，著作者および出版社の権利を侵害することがありますので，その場合にはあらかじめ小社あて許諾をお求め下さい．

ISBN978-4-86481-032-6
PRINTED IN JAPAN

サイエンス社・数理工学社の
ホームページのご案内
http://www.saiensu.co.jp
ご意見・ご要望は
suuri@saiensu.co.jp　まで．